CALL
ME
CINNAMON
BIRDIE

Happy Birthday
Naomi

WE
LOVE
CINNAMON

愛して、
愛して、
癒されて

まえがき

はじめまして。

かわしまシナモンです。

わたしのママはじょゆうのおしごとをしているので、ちいさいころからいろんなところにつれていってもらいました。

たくさんのひとたちやワンコたちとであい、たのしくしげきてきなまいにちです。

ママといっしょにスタジオでおしごともしてるし、あかちゃんうむために、おみあいやけっこんもしました。

まだ三さいですが、けっこうはらんばんじょーなじんせいなの。

ママはわたしのことがだーいすき。
うちのママはうちゅうイチオヤバカで、わたしはうちゅうイチしあわせなワンコです。
そんなわたしのげきどーの三ねんかんをママがかきおろしました。
ぜひ、よんでくださいね。

二〇〇三ねん三がつ

かわしまシナモン

動物を愛したことのない人間の
魂の半分は眠ったままである
——アナトール・フランス（1844〜1924）

もくじ

第2章 育児ノイローゼ

第3章 管理人サンとの闘い！

第4章 シナモン芸能界デビュー

第5章 里帰り

第6章 独身女優の愛犬生活

第7章 引越し

第8章 シナモンのお婿さん

第9章 赤ちゃんがほしい

第10章 やっぱりいぬラヴ

イラスト――イデシタタケシ
ブックデザイン――鈴木成一デザイン室

第1章
運命の出会い

シナモン色の娘

「イグアナの娘」というTVドラマがあった。私は、わが娘を愛したくても愛せない母親の役。娘が醜いイグアナにしか見えなくて悩み苦しむ、難しい役どころだった。

出産シーンもあり、未経験の私はその時の感覚を女友達に教わり参考にした。それにしても初の本格的な母親役がイグアナの母なんてあんまりだ。でもドラマは好評。私にとって転機となる作品となった。

それから数年がたち、気がつくと私はイグアナではなく「ミニチュア・ダックスフントの娘」の母親になっていた。それも私生活で。

娘の名前はシナモン。本名、川島史奈紋《シナモン》。

私にはシナモンが時々、人間の女の子のように見えてならない。七変化する瞳の表情、私の言葉をよく理解する賢さ、喜びや不安や嫉妬までをも共有できる感情の細やかさ。

彼女はもはや、私の分身。

やすらぎも刺激も与えてくれる、魂のパートナー。

いつのまにか、私が出産した、最愛のわが娘のような存在になっていた。

そう、私の名はシナモン・ママ。

ミニチュア・ダックスフントの母親。

親《いぬ》バカと呼ばれてもいい。でも、一度でも動物に愛情を注いだことがある方なら、わかっていただけるでしょう？

彼女との出会いは二〇〇〇年の二月。紅梅が満開の季節《ころ》だった。

「月下の棋士」というTVドラマを収録していた。女流棋士の役を演じていた私に、「対局シーンに備えて、本物の将棋盤で練習しておいたほうがいいですよ」と言う番組のTプロデューサーが楽屋を訪ねていらした。

肩には大きな大きな四角いショルダーバッグ。なにもそんな本格的な将棋盤かついでこなくても……。

Tプロデューサーがよっこらしょ、と下ろしたバッグを開けると、中からなんと……、ピョコン！　と「生きた駒」が顔を出した。

な、なんだこれ〜〜!!

将棋盤ではなく、小さな小さなワンちゃんだった。

「どうしたんですか？　この子」

「こないだ買ったばかりなんですよ。川島さんに、ぜひいい名前をつけてもらおうと思って」

その子犬はペロペロペロッと私の口の周りを舐《な》めたかと思いきや、操《あやつ》り人形のような不思議な動きで部屋中をかけまわり、一瞬たりとも落ち着く様子がない。尻尾をメトロノームの最高の速さでピコピコ振って、愛想を振りまいている。

「ココアちゃんなんてどう？」

と、Tさん。

それも可愛いけれど、この細さ、この色、まるでシナモンスティックだ。

私はその前の晩、残り物の赤ワインを温めブルーベリージャムを入れ、シナモンスティックでかきまわして作ったものを寝酒にしたばかりだった（このホットワイン、風邪にもよく効く）。

「シナモン、この子の名前はシナモンちゃんです」

私は迷わず口にした。

「シナモンねえ……」

高校時代、ホームステイしていたカリフォルニア州の家庭にも、シナモンちゃんという実に賢く愛くるしい少女がいた。バービードールのようなブロンドの髪と、シナモン色の大きな瞳が印象的だった。

「もう決定！　シーナモン！」

そう呼ぶと、また私に飛びついてペロペロ……。

このキス魔ぶり、三年たった今も変わっていない。

なんでも聞くところによると、Tさんがこの子を見つけたペットショップでは、

「残念ですが、このワンちゃんはお売りできませんねえ。ちっとも食べてくれなくて日に日に弱ってるんですよ」

と売りしぶっていたとのこと。チワワにしようかなア、と迷っていたある日、電話がかかってきて、

「もう大丈夫ですよ。あのワンちゃん食欲も出てきて、元気になりました！」

と、ショップのお姉さんも安心した様子。そしていよいよ引き取りに行き、まずは私にお披露目してくれたというわけ。

運命的な出会いだった。

まさにひと目惚れ。

私の心の奥の奥にしまい込んでいた固いなにかが溶けだし、溢れてくるのを感じていた。それは懐かしく、甘温かでしょっぱい、不思議な感情だった。

それが母性という女性特有の本能であることに気づいたのは、あとのことだけれど。

台風娘がやってきた

その頃、Tプロデューサーは新居への引越しを控えてバタバタしていた。なんでそんな時期に子犬を買ってしまったのか不可解であるが、Tさんもひと目見て、黒目がちのつぶらな瞳と綿飴のようにフンワリした儚《はかな》さに、「この子しかいない！」と惚れてしまったのだ。

「どうするアイフル!?」の世界だ。あんなウルウルの瞳で見つめられた日にゃ、ローン組んででも、アイフルでお金借りてでも手に入れたくなるだろう。衝動買いも無理はない。

でも、Tさんをよく知る私たちは懸念した。TVプロデューサーなどという多忙で不規則な生活。多趣味で短期集中型、すなわち飽きっぽい彼の性格。ましてや引越しの準備で大変なのだ。

案の定それから一カ月もたたないうちに、シナモンはいろいろなところに預けられ、幼少期を転々と過ごすことになる。

好奇心いっぱいの彼女にしてみれば、いろいろな場所を旅できて楽しかったかもしれない。でもご主人さまの元へ帰れるのは、ごくたまに。さぞかし淋しいんじゃないだろうか。

「私が預かります！」

テラスから見える枝垂《しだ》れ桜がハラハラと舞い散る季節、シナモンはわが家へやってきた。それまで狭いオフィスに預けられていたため、短い廊下でも思いっきり走れる空間が嬉しくて仕方ないらしい。

パタパタパタパタパタパタパタ……。

コマ送りのスピードで部屋中を全力疾走。気がつくと台本にオシッコ。宝物のペルシャ絨毯《じゅうたん》にコロンコロンのかたまり。な、なんだーー！

「トイレの躾《しつけ》ができるまで、ケージから出さないようにね」

Tプロデューサーからそう言われたが、クゥンクゥンと切ない声で鳴かれると、ついつい出してしまう。すると、あちこちを噛むわ噛むわ……。植木鉢のサボテンは奇妙な形に歯形が残り、箱のティッシュはすべて外へ散らばり、台本の表紙はビリビリに引き裂かれた。

（まるで台風娘……）

これまで預かった人たちは、さぞかし大変だったろう。

ベッドルームへ行ってみると、大量の和紙のようなものが舞い、空間を支配している。白い花びらが散ったあとのようで見とれていた。

やりすぎ
ふふちょっと
オドロカセてやろ
そ〜〜
ガチャリ
わんっ
ガオーッ
…ちょとコーカイ
ギャンギャン ギャンギャン ギャンギャン ギャンギャン

この四コマ漫画はすべて実話に基づき描かれています。

（またティッシュで遊んだのかな……？）

違う！　これはいただいたばかりの茶道のお免状。墨で書かれた「今日庵《こんにちあん》」の文字が泣き叫んでいる。

「シナモン！」

大声で叱ると、耳がペターンと後ろになくなってしまい、丸く小さく縮こまる。瞳にいっぱい涙をためて……。

「ごめんなさーい」

そう言っているように見えた。可愛くて可愛くて、思わず吹き出してしまった。


それにしても、子犬のいる生活というのはなんと大変なものか。

ケージで寝る習慣をつけたほうがいいとは聞いていたが、クゥンクゥンという鳴き声……今までの日常生活では聞いたこともないその声が気になって仕方がない。せめて預かっている間だけでも、と私のベッドで一緒に寝ることを許していた。ぬくぬく温かいその体は、冷え性の私にとって湯タンポがわりにもなった。すると、朝日が昇るのと同時に湯タンポは目覚め、早朝の探索が始まる。

テッテッテッテッ。

ガサゴソガサゴソ……。

う～ん、かんべんしてよシナモン、いい気持ちで熟睡してたのにィ。

ネズミの家族が蠢《うごめ》いているような音に耐え切れず、ケージに押し込める。

すると、

「うわん！（出して！）」

ココから出せ出せコールが始まる。

うるさいな君は……朝から近所迷惑でしょーが。

仕方なくケージから出してあげると、再び探検は始まる。

そのうち「ぐゎっシャーン！」となにかが割れる音。飛んで行くと、ベッドサイドのランプが落ちて粉々になっている。

「シーナモン!!」

ここでまた耳はペシャンコにたれ、丸く縮こまり「ごめんなさい」のポーズ。

これをされるとついつい「ま、いっか」と心がゆるむ。反省に満ちたその表情に思わず感心し、見とれてしまうのだ。

言葉をしゃべるわけじゃないのに、なんと素直に心を伝えるんだろう……。

演技ではなく人間と同じように嬉しい顔、悲しい顔、怒った顔、うらめしい顔……いくとおりも表情を変える。

子犬って面白い！　シナモンという小さい生き物は、次第に私にとって大きな大切な存在になっていった。

子犬時代の珍事件

生後まもないシナモンにとって、なにもかもが初めてづくしだった。

お散歩デビュー、初めての長距離ドライヴ、初めてのお花見、初めてのスタジオ入りに、レストランデビュー……。

どこへ連れて行っても、恐いもの知らずで好奇心いっぱいの彼女はちょっとしたスキにどこかへ姿を消してしまう。

生田スタジオでドラマの収録中、いつのまにやら楽屋から出て行ったシナモン。その辺を歩いているのかと思ったが、なかなか戻ってこない。

「すみません。ちょっとドアを開けた瞬間に……」

マネージャーも平謝り。

それよりシナモンはどこだ？

本番中の他のスタジオ、メイクルームに衣装部屋……。

私たちの必死の捜索活動が続いた。

「シ～ナモーン」

「シナちゃ～ん」

どこにも見当たらない。

ま、まさか誘拐!?

こんなにもキュートな子犬を放っておく手はない。まだ世間知らずのシナモンは、人見知りすることなど微塵《みじん》もなかった。

「おじさんについて来ればおやつをあげるよー」

甘い言葉に誘われ、テケテケついて行ったに違いない。

身代金は？　シナモンの命は？

「シナモ～ン!!」

思わずスタジオ中に響きそうな声で叫んでいた。

とその時、階下から誘拐犯の声が。

「ここにいるよー」

男の声だ。なにを要求してくるつもりか。

でもとりあえずシナモンは無事のよう。私たちはもの凄い勢いと形相で階段を駆け降りた。

すると……二階ほど降りきったところ、そこは食堂フロアなのだが、お掃除のおじさんと戯れるシナモン色の子犬を発見。

厨房《ちゅうぼう》からのいいにおいに誘われてそこまで一人で降りて行ったらしい。その上、おじさんが手にするモップが珍しかったようで、じゃれつき、楽しいひと時を過ごしていたのだ。

「可愛いねえ」

お掃除するのも忘れて、目を細めるおじさん。

なんて人騒がせな子……。

もう飽きて、今度はテクテク食堂に入って行こうとするところをつかまえ、身代金を要求しなかったおじさんにお礼を言って楽屋へ強制送還した。

初めて軽井沢へ連れて行った時のことだ。

木漏れ日、小鳥のさえずり、苔《こけ》のしめったにおい……シナモンよりうんと背の高い落葉松の森の中、都会とは違う空気を不思議そうに味わっている。

私の小さなヴィラには、ちょっぴり贅沢《ぜいたく》に作ったジャクジーつきのお風呂がある。お散歩のあとにのんびり入っていた時、瞳を輝かせたシナモンがやってきた。

（わたしも入りたい）おそるおそる湯舟をのぞき込む。

お風呂に浸かるなんて感覚わかるんだろうか？　バスタブは広く、私とシナモンの間には少し距離があった。

「シナちゃんも入る？　おいで」

そう言うと、本当に水面に足をつけて歩いた……ように一瞬見えたが、ドボン！と音を立てて、お湯の中に沈んでしまった。

「ぎゃっ、シナモン！」

あわててすくい上げると、まるで濡れネズミのように縮小している。その姿に思わず大笑いしてしまった。

「キャハハハハ、ごめんごめん。まさかホントに湯舟を歩いてくるとは思わなかったのよ」

お風呂からあがると、バスタオルにくるまって、「もうゼッタイお風呂なんか入らない」といった顔でプルプル震えている。

相当ショックだったのだろう。瞳に涙をいっぱいためて、ちょっぴりうらめしそう。私はこの時のシナモンの顔が忘れられない。なんともいえない微妙な泣きベソ顔で、気味悪いくらい人間ぽく、そしてとびっきり可愛かった。

でもこのことがトラウマになってしまったのだろうか。

いまだにシナモンはお風呂嫌い。海に連れて行っても泳ごうとはしない。

シナモンを預かって二週間ほど過ぎた頃。

ちょっとしたことでひどく落ち込んでいた私は気を紛らわすため、友人と長電話していた。片手に受話器、片手にはシナモン。

ある時、彼女がふわぁっと小さなあくびをしたかと思いきや、私の脇に鼻を突っ込み、いつのまにやらクウクウと寝息をたてて眠ってしまった。

安心しきったその寝姿、まあるい小さな生命《いのち》が今、私の腕の中で呼吸している。

（なんて可愛いの……）

胸がしめつけられるような思いで、じっと見つめていた。

「ねえ、聞いてる？　もしもし、もしもし？」

受話器越しに友人の声。

「あ、うん、またあとでかけ直す」

私は落ち込んでいたことなど、すっかり忘れてしまった。その小さな塊を落とさないように、起こさないように、両手でしっかり支えた。温かかった。長い睫《まつ》毛《げ》、しっとり濡れた鼻先……。天使を抱いているようだった。

シナモン・ママ誕生

近所の動物病院へ健康診断に行った。

「健康でいい子ですよ。左足がちょっとX脚かな。現在二・五キロ、あと少し太るといいね」

そしてライトを照らして瞳の状態を見た先生は、「良い性格の子だねえ」ともおっしゃった。瞳を見て性格なんてわかるの？　でも、確かに明るくてお茶目で、愛すべきキャラだ。


「シナモンは元気？」

Tプロデューサーから連絡があった。

「そろそろ引き取ろうかと思って」

恐れていた瞬間がやってきた。またこの娘はどこかへ行ってしまう。そしていろいろな人に預けられ、心細い日々を過ごさなくてはならない。

「もう返しませんよ」

「え〜？」

「診察券にも書いてあります。川島シナモンって。姓名判断して川島の姓に合った字画も考えました。来週には訓練士の方にもきていただきます。エステにも連れて行きます。シナモンは私が育てます」

一気にまくしたてる私に、

「また〜。冗談でしょ、ハハハハ」

と、笑っていた。でも、私は本気だった。あの瞬間、私の腕の中で丸まって眠ってしまったのを見届けた瞬間から、私は「この子は私の娘、もう誰にも渡さない」と心に誓ったのだ。それは、シナモン・ママが誕生した瞬間でもあった。

今でもTさんは不思議がる。

「いつ僕の元からシナモンがいなくなって川島さんちの娘になってしまったのか、記憶にないんだよねえ」

最初は私がシナモンにはまっていく溺愛ぶりを、ハタで見ていて楽しんでいた人たちも、こいつは本物だ、とわかっていくにつれ、皆が私をシナモン・ママと認めてくれるようになった。今となっては、シナモンと巡り合わせてくれたTさんに心から感謝している。数多くの子犬たちからなぜかシナモンを選んだプロデューサー的感覚を、さすがだなァと思う。見た目よりずっしり重いワンちゃんのほうが健康的なはずだが、綿菓子のようにフンワリしたこの子に不思議と魅かれたというのだ。

そうして二〇〇〇年五月、私とシナモンの本格的な同居生活が始まった。生後五カ月とちょっとの頃だ。名古屋の実家に住んでいた少女時代、雑種犬やヨークシャテリアを飼っていたこともある。でも私には、彼らと過ごした思い出がほとんどない。母が育て、母に一番なついていたからだ。

だからワンちゃんを飼うなんて初めての経験。上京して一人暮らしを始めて、はや二十一年。欲しい、飼いたい……という思いはずっとあったけれど、私はそれを心の奥にしまい込み、口に出さないよう我慢していた。

それには理由《わけ》があった。

「独身の女優がワンちゃんなんて飼ったら、いよいよお嫁に行けなくなるよ」と言う周囲の人々の言葉がひっかかっていたこと。

そしてもうひとつ、最悪の事態を思い出していたのだ。

私のマンションは「ペット不可」だったのだ。

が〜ん！

なお美コラム❶

ワンコと行けるごはん屋さん〈東京編Ⅰ〉

① **Three Dog Bakery**（スリー・ドッグ・ベーカリー）
ワンちゃんグッズ＆お持ち帰りのお菓子のお店。シナモンのバースディにはシナモン味のケーキも焼いてもらいました。ワンコの名前を入れたバースディケーキの宅配が全国にできます。03-5458-0085／10:00〜20:00／年中無休／渋谷区猿楽町2-7-101（代官山駅から徒歩7分）

② **Deco's Dog Cafe**（デコズ・ドッグ・カフェ）
ワンコ用にはクッキーやシフォンケーキなどのおやつから、ロールチキンなど本格的なものまで、体にいいレシピばっかり。ワンコと一緒にランチ＆ディナー。ワインもあります。03-3461-4551／11:00〜22:00／水曜定休／渋谷区恵比寿西2-20-14（代官山駅から徒歩2分）

③ **ボッカ・ディ・レオーネ**
新鮮なお魚と、エキストラ・ヴァージンオイルこだわりを持った超美味トラットリア。お店の皆さんがワンコ好きで温かくお迎えしてくれます。ワンちゃん連れの時は要予約で。03-3440-3123／12:00〜15:00、18:30〜／月曜定休／渋谷区恵比寿3-41-9 1F（恵比寿駅から徒歩10分）

④ **POGO**（ポゴ）
小ぢんまりと家庭的なビストロ。店内にはこれまで来店したワンコたちのアルバムがいっぱい。シナモンも常連です。ここのスフレオムレツは宇宙イチ美味しい！　10席だけの小さなお店なので住所、電話番号はひみつ／19:00〜24:00／日曜・祝定休／（中目黒駅から徒歩5分）

⑤ **ル・プティ・ブドン**
フランスでは一流レストランだってワンコ連れOK。その夢が東京でかなうのがこのお店です。フランス家庭料理とワインでおもてなし。ワンコ用ステーキも焼いてくれます。03-5457-0086／11:30〜、18:00〜／年中無休／渋谷区鉢山町13-13（代官山駅から徒歩8分）

第2章
育児ノイローゼ

トイレの躾

マンションの問題はあとから触れるとして、先にこの秘話からお話ししたい。

非常に香り高き（？）話の数々なので、お食事中の方は終わってから読んでネ。


シナモンの特技のひとつに「トイレ」が挙げられる。

トイレ？　そんなもん、なんで特技なの……。

みんな、そう思うでしょう？

普通、外でする習慣のワンちゃんだと、朝夕のお散歩で用を足す。

これはこれでお利口さんだが、雨の日も雪の日もあり、規則正しくお散歩に連れ出すご主人も大変だ。その際、スコップやビニール袋を持参で始末するのは最低限のマナー。

余談だけど、フランスのリヨンで、ペットが用を足したあと片付けもしないで散歩するマダムたちをたくさん見かけた。パリでも、それは清掃局がすることと決めつけている飼い主が多い。石畳を歩いていると、知らぬ間にヒールに臭いものがくっついている。フランスの犬がしたものだからといってオード・トワレの香りがするワケではない。御用心《アタンシオン》。

シナモンのような超小型犬のトイレは、自宅に設置する。

そして、外出する先々にもトイレシートは欠かさず持参。楽屋でもレストランの個室でも、それを敷いてあげて「シナちゃん、オシッコオシッコしてね」と言うと、ペタンと可愛く腰をかがめて用を足す。

「もうすぐ本番だから、頃合いを見てウンチウンチしておいてね」

と告げておくと、いつのまにかトイレシートの上にはコロンコロンのかたまりが湯気を立てている。得意そうにはしゃぎまわるシナモン。

「ワンちゃんに〝頃合い〟なんて言っても、わかるわけないでしょ」

そう笑っていたスタッフも、ちゃんと彼女が〝頃合い〟を見計らってスタジオ入りする直前にトイレをすませる様子を目の当たりにし、「なんてお利口さんなの」と驚愕《きょうがく》していた。

オシッコしなさいと言えばオシッコができ、ウンチウンチしなさいと言えばウンチができる――この能力は盲導犬や介助犬に不可欠のものだ。彼らは人の命を預かることを使命としているから、その間は自分の勝手で用を足すことはままならない。たいてい朝、「ワンツー、ワンツー」の号令でトイレをすませておくよう躾《しつけ》られている。

シナモンはそれができるのだ。

ね、ね、ウチの娘えらいでしょ？

トイレの躾がきちんとしているから、撮影現場やスタジオはもちろん、レストラン、旅館、知人のお宅など、どこへでも連れて行けるようになった。

でもその陰には、今だから話せる苦悩の日々があったのです。

シナモン・ママ号泣

二〇〇二年の十一月にシナモンは三歳になった。

人間の年齢に換算すれば、二十代半ばから後半というところだろうか。ならばトイレのマナーなど、きちんと心得ていて当たり前。

でも、最初は大変だった。

なんのためにトイレシートを敷いたのかと悲しくなるくらいハズしてくれる。お風呂場やベランダで茶色いかたまりを発見したり、時には絨毯《じゅうたん》の上のそれを踏んでしまって大騒ぎしたり、ベッドの上でこれ見よがしにおもらしされて烈火のごとく怒ってしまったり……。

「だめでしょ、こんなところでしちゃ！」

お尻を叩いて、鼻を押しつけ、叱るのがいつものパターン。たまーにトイレシートの上でちゃんとしてくれるのだが、ちょっとでも油断していると、また枕やソファがビショビショになっている。

「NO！　ここでオシッコはNO、NO、NOよ!!」

イヤでも一日に何度も怒ってしまう。

獣医さんに相談したら、

「犬という生き物はすごく忘れっぽい。粗相《そそう》しても五秒以内に怒らなければ、どうして叱られているのか理解できないんですよ」

とのこと。

五秒以内？　そんな無茶な……。

でも、粗相した跡を発見してから叱っても手遅れだというのだ。それに大げさに感情の起伏を表わして、正しい行ないをした時は思いっきり誉めてあげることが大切だとも。

「外人さんのごとくオーバーにやってください」と先生。

そうだったのか……。

ちゃんとシートの上でしたら誉める。それもカン高い声で大げさに。粗相した跡を見つけても叱らない。ささっと始末して、除菌スプレーなどでにおいを消しておけばいい。

躾《しつけ》の本もどれだけ読んだことだろう。

元来凝り性の私は、ワインといえば部屋中ワインに関する本だらけになり、葉巻やチーズの資格を目指せばその専門書が山積みとなっていく。だから犬に関する専門書や雑誌で部屋中埋めつくされるようになるにも、たいして時間はかからなかった。

「体罰はダメ。大きな声で怒鳴っても逆効果。スリッパなどで床や壁をどんっ！と叩き、イケナイということを教えましょう」

そう書いてある本もあった。

ある日、ちょっと目を離したスキに、動きがソワソワせわしないと思ったとたん、ラグマットの上で用を足そうとしたシナモン。トイレシートがそばにあるにもかかわらず……。あ～、ダメよ！

遅かった。おまけにあやまってブツを踏んづけてしまった。くっさ〜い。

「なんて悪い子なの！」

〝育児書〟どおり、思いっきり壁を叩いて（正直に言えば壁を蹴って）イケナイことだと教えたつもりだった。どんっ！　と音を立てたその拍子にかかとがめり込んだ。そして……壁にこぶし大の穴が開いてしまった。情けないやら悲しいやら、くさいやら悔しいやら、ポロポロ涙がこぼれる。

「どうしてわかってくれないのよォ」

そう言いながら、シュンとするシナモンの前でわんわん泣いてしまった。自分の泣いている様がまた悲しくなって、どんどんエスカレートしてくる。

「わんわん」は「びえーびえー」に変わっていく。

（ママは悲しいの……？）

湿った頬をペロペロ舐《な》めてくれるのだが、半分ノイローゼになりそうだった。

叱るより誉めよう

壁に穴を開けてしまったその日以来、私は叱ることをパタリとやめた。

叱られることをさせなきゃいいのだ。

（そろそろトイレの時間かな？）と感じたら、トイレに連れて行く。子犬はそのサイクルが短い。二〜三時間おきに連れて行っては励ます。

そして、ちゃんとシートの上でしたら、両手を思いっきり広げて、甘い優しい声で「んまーーーっ、なんてなんてお利口さ〜ん！」と誉めてあげるようにした。

時には「キャッホ〜」と踊ってステップを踏んだり、いかに私が喜んでいるかを全身で表現した。

シナモンも、それを見るたびに大はしゃぎ。

（このシートの上でトイレをすると、ママが喜ぶ！）

そういう考えを植えつけた。するとどうだろう？　嘘のように失敗はなくなっていったのだ。こんな簡単なことだったなんて！　もう、目から落ちたウロコをシナモンにも食べさせたいくらいだ。

叱るより、励まし誉めてあげれば、どんなワンちゃんもどんどん賢くなる。ご主人さまの幸せが彼らにとって最大の喜びだから。

そうやって、ちゃんとトイレがまともな場所でできるようになるまでに半年以上もかかったけれど、苦労した分、喜びもハンパじゃなかった。

今でも、毎回毎回ちゃんと誉めてあげる。〝外人さんのごとく〟オーバーに。

誉め上手は育て上手。

だからこそ、大変なことも新たに生まれてしまったのだけれど……。

というのは、シナモンは「誉めてもらいたくて、いちいち報告しにくる犬」になってしまったということだ。

早朝、それも四時半頃、オシッコをする。

「ママ、したよ！　みてみて!!」

熟睡中の私の顔の上をピョンピョン飛びはねる。

「ふゎ〜〜い、お利口さんねえ、いい子いい子」

ひととおり誉めてあげて、再び眠りにつく。それから一時間もしないうちに、
今度はウンチだ。

「ママ、ちゃんとしたよ！　みてみて!!」

布団を被っていてもすごい勢いで潜り込んできて、ペロペロ攻撃。

「あ〜もうわかったわよ……。お利口さん、お利口さん……」

そう言ってトイレに流して、また眠りにつく。これが毎朝の儀式。早朝ロケがある時は目覚ましがわりにいいけれど、これが毎日だからたまらない。それでも毎度毎度オーバーアクションで誉めちぎってあげる。だんだんエスカレートしてきて二人で踊っちゃうこともある。

よくまあ続くもんだと自分でも感心するが、最初のトイレの躾《しつけ》に苦労した反動で、そんな親子関係になってしまった。

今でもリビングの壁の穴は開いたままだ。象の置き物で隠してあるが、その穴を見るたびに懐かしい。

トイレの躾《しつけ》に限らない。悪いことをしたらその場で叱り、言うことをきいてやめたら、即、誉めてあげる。その繰り返しで、ほとんどのワンちゃんは利口で忠実な子に育っていくと思うのだけれど、どうだろう。

ごめんねペス

私がもし犬に生まれたら、シナモンのような人生、いや犬生を送りたいと思う。

ご主人さまとはどこへでも一緒。仕事場にも、買い物にもお食事にもエステにも。時には南の島や緑の大草原にも連れて行ってもらえる。ご主人さまの友だちもいっぱい可愛がってくれる。健康にも美容にも(?)気づかってもらえる。こんな幸せな犬はいない。

私が犬だったら……シナモンになりたい。

そう思えるように愛情をかけて育ててきたのもワケがある。実は、犬にまつわる暗い過去があったからで、これを告白するのは初めてのこと。思い出すごとにズキズキ心が痛むので避けてきた話だ。

まだ四歳の頃……。

そう、私が母に手を引かれて子供向けミュージカル「長靴をはいた猫」を観て感動し、「大きくなったらブタイに立って、あゝゆうことをするおネエさんになる！」と心に誓った頃のこと。

いつものように近所のお友だちと遊んで帰宅しようと、一人で裏庭にまわった。木の茂みをかきわけ、ブランコが風に揺れる芝生の庭に足を踏み入れたとたん……心臓が止まりそうになった。

目の前に立ちはだかる大きな黒い犬。一瞬にしてギラリと光る敵意むき出しの瞳。

背の高さは私より数センチ上だったかもしれない。それほど大きかった。何秒の間、見つめ合って……いや、睨《にら》まれていたのだろう。

逃げなきゃ！　くるりと背を向けたが、やや遅し、私は小さな桃のようなお尻（まだ四歳だったのヨ）をガブリと噛まれ、あまりの痛さにギャンギャン号泣しながら母の元にたどりついた。

「噛まれた〜。噛まれた〜。ビエ〜〜ッ」

オロオロ心配する母。

すぐに医者に連れて行かれ、応急処置をしてもらったのを朧《おぼろ》げに覚えているが、もっと鮮明に甦《よみがえ》ってくるのは、その夜の両親の会話だ。

私が布団に入ったあと、茶の間では家族会議（といっても父と母の二人）が開かれていた。

「あの黒い犬はタチの悪いノラ犬よ」

「狂犬病の注射なんか受けてないに決まってる」

「なお美が狂犬病になってしまったらどうしましょう」

すすり泣く母の声。

うっぴょ〜！（マンガみたいに驚く私）

私は幼心にムチャクチャ衝撃を受けた。キョーケンビョーって、いったいなに？よくわからないけれど、とても危ない状態に自分はあるに違いない。布団の中で震え出す四歳の私。と同時に、庭で睨まれた、あの二つの飢えた瞳が甦る。

　こわ〜〜い！

その事件以来、私は大きな犬が大嫌いになった。とくに黒い犬はたまらない。結局、傷も浅く、もちろん狂犬病にも狂牛病（当たり前）にもならなかったのだが、よくぞトラウマとなって深く残らなかったものだと感心する。

「ゼッタイ犬なんて大キライ！」――そんな大人になっても不思議じゃなかったはずだ。

犬嫌いにならなかったのは、やはりこれから告白するあの暗～い過去があるからだ。

そう、前置きが長くてゴメンナサイ。

本当の暗い過去とは、黒い犬のことではなく、もう一匹の犬の話なのです。

その子犬はペスと呼んでいた。

どんないきさつで飼うことになったのかは覚えていない。いわゆる雑種で、わが家の縁の下に鎖でつないで飼っていた。

とくに賢いわけでもキュートな顔立ちをしていたわけでもない。コロコロ太った、ごくごくフツーの犬だった。

初めの頃は朝晩、ちゃんと私がごはんをあげていた。まだ幼稚園に通う五歳くらいの頃だったと思う。白いごはんに残りもののお味噌汁（名古屋だから八丁味噌）をかけただけの質素な食事。シナモンのようにプチトマトだ、ささみ肉だ、なんて贅沢《ぜいたく》なものではない。

散歩はたまーに母が連れて行ってたと思う。

しかし、ほどなく、「妹がほしい〜！」と駄々をこねていた私の望みどおり、母が身ごもり、私の妹を出産すると、ちゃんとペスの世話を四六時中できる者がいなくなった。当然、散歩時間も減っていき、かなりストレスをため込む犬になってしまっていた。

家族が増えて沸き立つ川島家に、子犬の存在感は薄れていく。犬ごころに淋しかったに違いない。その孤独が彼の神経をゆがませた。

私がいつものごはんを与えようとしても、「グルルルル」と歯をむき出して威《い》嚇《かく》する。散歩に連れ出そうとしても、興奮して暴れ出す始末。

そんな時、ふと頭をよぎるのは、私を背後から襲ったあのノラ犬の姿だ。小麦色をした小さなペスと、あのノラ犬の黒い巨体が重なった。飼い犬なのに、ペスが怖くて仕方がない。幼い私にはどうすることもできなかった。

暑い夏の日も、冷たい雨の日も、ペスは縁の下につながれているだけの犬になった。チャラチャラとたまに鎖の音が聞こえてくるので、生きていることはわかっていた。それはまるで誰にも家族扱いされなくなった、彼の泣き声のようにむなしく響いた。

幼心に「可愛がろう、今度こそ……」と決意して庭に行ってみるのだが、ペスはもはや心閉ざした様子で、冷ややかに私を一瞥《いちべつ》するだけだった。

ある日のこと、父と母がどちらからともなく私に素敵な提案をした。

「ペスをホケンジョに預かってもらいましょう」

ホケンジョ？　それってなあに？

「他のワンちゃんもたくさんいるところよ。ペスにもお友だちが増えて、きっと喜ぶはずよ」

そんな素晴らしいところがあるんだ……。

私の小さな胸は躍った。

そういえば、家の前を少し大きな雑種犬が通った時、まるで母親を慕うように尻尾を振って駆け寄ろうとするペスを見たことがある。

ホケンジョに行けば、ペスもお母さんに会えるのかもしれない。

「そうしよう、ペスをホケンジョに預けてもいいよ！」

私はなにやらすごく立派なことをしてあげる喜びに満ちていた。

そしてペスは……わが家からいなくなった。

錆《さ》びかけた銀色の鎖と、ステンレスの小さなボウルだけが砂にまみれて残っていた。

「ねえママ、ペスはホケンジョに行って喜んでた？」

「うん、いっぱいお友だちに会えたわよ」

「ペスのお母さんもいた？」

「いたと思うわよ」

ペスが今のシナモンと同じ三歳の頃、私が小学校にあがったあとの話だ。

ペスはわが家にいるより、ホケンジョで暮らしたほうが幸せなんだ……そう信じていた。けれど……。

大人ってなんて残酷なのだろう。平気で嘘をつく。それがわかったのは、徐々に自分も大人になっていく過程でだった。

保健所とは、捨て犬たちの処理される場所。飼い始めたはいいが、やむを得ず手放すことになったり、飽きたからというだけで捨てられたり、そうやって行き場所（生き場所）を失った動物たちの収容施設。

もちろんそこで可愛がってもらえるはずもなく、待っているのは安楽死という運命……。

私はペスに、なんてむごいことをしてしまったんだろう。

今、これを書きながらも涙が止まらない。

ペス、ごめんね、幸せにしてあげられなくて許してね……。

貴方の分までシナモンを幸せにするから……。

世の中のすべての犬たちが、ちゃんと愛情をもって育ててもらえるよう、そんな世の中になるよう、少しでも努力するから……。

許してね、ペス。

ごめんね、ペス。

シナモン日記❶

あうんのこきゅう

はーい！ シナモンです。

ママのかわりにわたしがみじかいおててで、しっぴつしちゃいます。

にちようび、ママがディナーショウにしゅつえんするのでいっしょにかるいざわにいきました。ママはきれいなドレスをきて、うちにいるときのパジャマすがたとおおちがいです。コンサートではママがクリスマスソングをうたうのにあわせて、ステージでいっしょにおどりました。

さて、きょうはママにつきあってクリスマスショッピングです。

まちはきらきらしててとてもきれい。

はらじゅく、えびすとまわるうち、おしっこにいきたくなりました。

くるまのなかでしたくてしたくて、もおがまんできません。

ママのあたまをつんつんつついてあいずしたら、「なあに？ あ、おしっこしたいんでしょ？」といって、おトイレシートをくるまにしいてくれました。

セーフ!! おもらししなくてよかった！

ママは「やっぱりね、ママはシナちゃんのことなんでもわかるのよ、あうんのこきゅうよね！」と、わらいました。

ほんと、ママはなんでもおみとおし。

でも「あうんのこきゅう」ってなあに？

それをいうならママ、「あワンのこきゅう」よ！

第3章 管理人サンとの闘い！

マンションはペット不可

この本が出版される頃には、おそらく私は引越ししていて、今のマンションには住んでいないはずだ。「ペット可」の新しい部屋で、誰に気がねするでもコソコソ隠れるワケでもなく、公然とシナモンと一緒に住んでいるはずだ。九十九パーセントそのつもり……。

だから正直に告白してしまうと、今住んでいるところはペット不可。

それも、ここ四〜五年でダメになったらしい。不公平なことに、新築当初からの住人はＯＫ。だから昔から住んでいて、堂々とワンちゃんを連れて出入りするマダムを見るたびに羨《うらや》ましい。ホント羨ましいのよ。

じゃあシナモンとどうやって同居生活を送っているのかというと……。出入りする時はいつも、ペットショップで買ったダックス専用の細長い布のバッグに忍ばせている。

幸いシナモンは無駄吠えしないお利口さん。

「しーーっよ」

と諭しながらシナモン・バッグに彼女を入れる。「お出かけだ！」とうれしそうに自ら入ってくれるから助かる。これは毎日のこと。そして管理人室の前を笑顔で「行ってきま〜す」と悠然と通り過ぎる。

（女優にしてはいつもダサいかばん持ってるなあ）

そう思われているかもしれない。だって、ブランド物の目立つバッグじゃバレそうで怖いんだもん。

管理人さんご夫婦は、もうかなり長い。このマンションの主《ぬし》みたいに、すべてに目を光らせている。西に電球が切れて困っているおばあちゃんがいれば飛んで行き、東にトイレが詰まって流れないと嘆くおじいちゃんがいたら助けてあげる。

ともかく面倒見のいい、悪く言えばおせっかいな人たち。住人全員の暮らしぶりを把握していないと気がすまないのだ。

とくに厳しいと評判なのが旦那さんのほう。

「こんなところに停めちゃダメだよ」と、バイク宅配便のお兄さんを叱っていたり、不審な人を見かけたら「あんた誰になんの用?」と、すかさず尋ねている。

わが家を訪ねてきた友人も、「あの管理人さん、珍しい人よねえ」と驚いていた。なんでも、来客専用のスペースに車を停めた時からジロジロと見にきて、どの部屋の番号を押すかもジーっと睨《にら》みをきかせて確認していたらしい。

ホント、そんなに監視しないで!

そういえば昔、私のアシスタントの男の子に、ニヤニヤしながら「最近○○さん来ないねェ」と言ったらしい(○○さんとは別れたBFの名前だ)。

もう、ほっといてちょうだい!

そんな監視人のもと、どうやって内緒で犬が飼える?

え? どうやって?

でも、もう二年になる。いまだにバレてはいない……らしい。

いや、知ってて知らぬフリをしてくれているのか。そんな寛容な人たちだったのか。それともいつか、「ルール違反だ、出て行ってくれ」と脅すつもりなのか。それともそれとも「秘密にしてやるから、なんかよこしな」とユスるつもりなのか。

あ〜怖い怖い。その日がやってくるのが恐ろしい。

でも表面はほがらかで、実にいいご夫婦なのだ。とくに奥さんの、チューリップが咲きほころんだような笑顔。癒されます、ホントです……。

シナモンのこともあって、私は管理室への貢ぎ物を欠かさない。

「田舎から送ってきたリンゴですぅ」

「ファンの方からいただいたお花ですぅ」

「イタリアロケのお土産に生ハム買ってきましたァ」

月に二、三回は貢いできた。だって「アンタ、内緒で飼ってるね」と言われるのが怖いから。その時は「だっていっぱい貢いできたでしょ」とは言わないけど。

でも内緒にしてるのって、ホントに体に悪い。スリリングで楽しいというより、人を騙《だま》くらかしてる自分がイヤ。

不倫の恋より消耗する……それはオーバーか。

まあそんなこんなで、世間には秘密にしながらシナモンとの同居生活が始まった。ところが彼女は……女優デビューすることになってしまったのだ‼

知ってて知らぬフリ？

二〇〇一年初夏。

「花村大介」という、ユースケ・サンタマリア君主演の弁護士もののドラマが始まった。

私は東大卒の超エリート弁護士。カタブツだけど仕事のできるキャリア・ウーマンの役なのさ！

収録スタジオは自宅マンションから近い目黒スタジオ。

同レギュラー陣の中に、やはり実家でミニチュア・ダックスを飼っている水野美紀ちゃんもいて、私も彼女も必ずワンちゃん連れでスタジオ入りするから、現場は大にぎわい！

美紀ちゃんのダックスはネロ君といって、年はシナモンとほぼ同じの男の子。二人はひと目で恋に落ちた。

ひとまわりシナモンより大きいネロ君。少々栄養過多の体型。でも、とっても優しくて、ある時は逞《たくま》しくて、シナモンとよく遊んでくれる。

同じ犬種で短足の二人は、体の高さも同じくらいだから、なお遊びやすいのか。「将来、二人を結婚させたいわね」周りがそう言うくらい仲がよい。

でもネロ君は……去勢手術を受けているため、種オスとしての能力がない。そう、初恋の人にはたまたまタマタマがなかったのだ……。

それはさておき、シナモンを見た監督がひと目で気に入り、「依頼人が連れてくるペット」の役で使いたいと言ってくださった。

それも有閑マダムのペット。

断る理由も見つからない。自分ちのワンちゃんや猫ちゃんをTVに出したくてウズウズしてる飼い主さんも多いでしょうに、なんてラッキーな私たち！

収録前日、シナモンをエステに連れて行き、有閑マダムのペットらしくゴージャスなリボンとネックレスをつけて撮影に臨んだ。

私は副調整室でモニターに映るシナモンを見守ることに。たくさんのスタッフさんやカメラや照明の中、そわそわ落ち着かない様子。

（ママはどこ行っちゃったんだろう……？）

有閑マダム役の女優さんに抱かれながら、不安げだ。

私は、マイクを通してスタジオのシナモンに話しかけさせてもらった。

「シナちゃん、次、本番いくわよ。がんばってね！」

するとどうでしょう。カチンコが鳴るとともに、ユースケ君演じる弁護士とマダムが言い争う間で、実に面白い動きを見せてくれた。

抱かれていたマダムの手を離れてプルプルプルプルッと毛並みを整え、机の上をくるくるまわる。カメラはシナモンのキュートな表情もずっとアップでとらえていた。

　カーット！

「今のOK！　シナモンもよかったよ」

　女優シナモンが誕生した瞬間だ。彼女はなにがなんだかわからないまま、ただ自然に振舞っただけなのだけれど。

　その後も収録は続いたが動じる様子もなく、楽しんでいる様子だった。

　第一話の放送日。

　サブタイトルが流れる。出演者のその他おおぜいの中に……「川島史奈紋」の名前!!

　生後八カ月、わが娘が早くも女優犬になったなんて夢のよう。その上、五千円という立派なギャラもいただけるなんて二重の喜び。

　シナちゃん、今日はママのおごりでスキヤキよ！

　それからというもの、何度か「花村大介」にチョイ役で出させていただき（まるで準レギュラー）、私と一緒に雑誌や他のTV出演の依頼も増えてきた。

最初はあまり目立たない番組、BSデジタル放送や若者向けの雑誌に出ていた。

そう、あの話はまだ終わっていない。

「うちのマンションはペット不可。管理人さんコワ～イ」の件。

絶対にあのご夫婦が見そうにない番組や雑誌だけ選んで出るようにしていた。

ましてや「笑っていいとも！」のテレフォンショッキングにシナモンと出演するなんてとんでもない。二人のつつましやかな生活を大切にしたかったから……なァンて。

ところが、周りのスタッフたちはシナモンが出演したバラエティ番組や雑誌を見るにつれ、「もう管理人さんにはとっくにバレてんじゃないの？」と言いきってくれるのだ。

そ、そうかなァ。

知ってて知らぬフリしてくれてるんですか、佐藤さん？

鶏の手羽先事件

お天気のいいある日。

ベランダで遊んでいたシナモンが、ダーッと嬉しげに部屋に駆け込んできた。

私は窓際のエアロバイクで汗をかいていたのだが、ふと見ると、なにやら口にくわえている。

「シナモン？」

追いかけて確かめると、それは……鶏の手羽先だった。

「なんでこんなもん……？　ね、シナちゃん、どこで拾ったの？　カラスが落として行ったの？」

ほとんど骨だけだが、わずかに肉がへばりつき、芳しい香りを放っている。家庭料理によくある照り焼きチキンの匂いだ。

シナモンはせっかく見つけたごちそうを奪われて不服そう。

でも、手羽先は体によくないのよ、喉に骨が刺さると大変よ、ましてやこんな濃そうな味つけ、ママだって食べたいけど食べないわよ……。

なにも打ち明けてくれないシナモン。

その謎が解き明かされるのは数日後だった。そろそろ出かける時間になり、ベランダで遊んでいるシナモンを呼んだ。……こない。

「シナちゃん?」

他の部屋にもいない。彼女はベランダで日なたぼっこをしているはずだ。

「ま、まさか!」

お隣には未亡人が一人で住んでいる。それも私の部屋の大家さん。私の部屋のテラスと大家さんちのテラスの間に仕切りがあるのだが、非常用にわずかな隙間が開いている。

背伸びして覗《のぞ》いてみると……、テッテッテッテッテッと尻尾を振り振り、他人《ひと》んちのテラスをお散歩中のシナモン。

「し〜な〜もぉ〜ん？？」

囁《ささや》くような声だが、必死に呼んだ。

大家さんにバレたら一巻の終わり。大家さんが管理人さんに告げ口して、「内緒で犬を飼ってたなー」と私は袋叩き。マンション管理組合の会議みたいなものにかけられ、私たちは追い出されて家なき子に……。

もう、心臓がバクバクいっている。

ああ神サマ！

犯人は…？
まるでマゴねぇ
シナモンママの母
？
あら、ヨーグルトがなくなってる
ここに置いた耳せんもないわ
…最近ボケちゃったのかしら
まさか…
やばし
♪〜
ゲプ

そうだ、おやつで釣ればいいんだ！

シナモンの大好きな牛アキレス腱ジャーキーを見せて何度も呼んだ。

ようやくお隣さんへの小旅行をあきらめ、数十センチの小さな隙間をくぐり抜け、戻ってきてくれた。

あの鶏肉は、まさか大家さんちのベランダで拾ったんだろうか？　それとも、もうシナモンの存在はご存じで、「可愛い子ねえ、お食べなさい」と、おすそ分けしてくれたのだろうか？　謎が謎を呼ぶ手羽先の出どころ。

大家さんとニアミス！

そのまた数日後、大家さんとシナモンがバッタリ出くわしてしまう大事件が発生することになる。

のちのち詳しく書くけれど、シナモンがわが家にやってきてからすぐ、家庭教師の先生にきていただいていた。

もともとは警察官で、警察犬の訓練を経てフリーの訓練士として活躍する、清水さんというおじいちゃまを知人に紹介してもらったのだ。

十五分程度のレッスンを週に二回ほど。命令はすべて英語（そのほうが短く簡潔で、犬には伝わりやすいとのこと）で、「おすわり」や「伏せ」や「待て」など、基本をレッスンしてもらっていた。

シナモンは清水さんがだーい好き。きっとご褒美におやつをくれるからだろう。この訓練の詳しい模様はさておき、ある日、ピンポーンとチャイムが鳴った。

「清水さんだ！」

ちょうどレッスンの時間になり、清水さんがお見えになった。オートロックを解除して待つことわずか。

お出かけの時はバッグにシナモンをしまい込むのだが、「清水さんがきたー！」と、ウサギのように跳ねて行く後ろ姿が可愛くて、シナモンがエレベーターまでの数メートルを走って行くことを許していた。

いつものようにドアを開けた。清水さんお出迎えのため、脱兎のごとくエレベーターめがけて飛び出すシナモン。

その瞬間……。

オーマイガ――ッド！

お隣のドアがガチャリと開き、大家さんの未亡人が買い物じたくをして出ていらしたのだ。

背格好は、清水のおじいちゃんと同じくらい小さい。

でもシナモンにとっては見知らぬ人……。

「わわわわわ――ん！　わん！　わん！」

吠える吠える。それも一階の管理人室に轟《とどろ》きそうな大きな声で。

「あ、あの、こ、こんにちは。えっと……この子、あ、あずかってるんです。すみません、あの」

「まァ可愛らしいわねえ」

そして大家さんの口から思いがけないひとことが。

「大丈夫よ、よそんちでもみんな飼ってるわよ。ホホホホホ」

ホホホホって、あの……。

エレベーターが開き、入れ違いに清水さんがやってきた。

ご挨拶もしどろもどろに私は、シナモンと清水さんを部屋に押し込む。

ひえ～、バレちゃった。でも大家さんに別れ際、

「か、管理人さんには絶対話さないでくださいね」と、言うべきことは言ったのだ。抜け目のないアタシ。それにしても、寿命が縮むとはこのこと。

あれから約二年。

バラエティ番組はもちろん、TVドラマだけでなく、映画デビューも果たしたシナモン。大阪で上映された「ミナミの帝王」では、極妻のペット役で出演。エンディングロールに「川島史奈紋」と名前まで流れた。それを見てまたウルウルの私。

もはや世間の人たちはほとんど……とは言わないが、大変な割合で「川島史奈紋」の存在を知ってると思う。

管理人さんだけが知らないワケがない。ましてやあんなに好奇心のかたまりみたいなご夫婦。

「クイズ・ミリオネア」に出演した際も応援席に座っていたわが娘。

「一千万円貰《もら》ったら、シナモンと二人でヨーロッパのワイナリー巡りをした～い」

そんな、バレバレでしょうが、あなた。

その時、言えばよかった。

「一千万円貰ったら、管理人の佐藤さんご夫妻に温泉旅行プレゼントしま～す」

嘘じゃありませんョ、本当です。

だから新居が見つかるまで知らんぷりしててネ、お願いしますよ佐藤さん……。

なお美コラム❷

ワンコと行けるごはん屋さん〈東京編Ⅱ〉

⑥ Yサイゴン

代官山駅からちょっと離れた住宅街の中にある、美味しくヘルシーなベトナム料理のお店。ワンコは個室でお行儀よくさせてネ。03-5428-3336／11:30～14:30、18:00～23:00／年中無休／渋谷区南平台町8-11（渋谷駅から徒歩10分）

⑦ ラブレー

看板犬スフレ君はオーナーのお坊ちゃま。南フランスを思わせる小ぢんまりした店内は、まるでリゾートにいるかのようで居心地グッド。ワインも豊富な本格フレンチ。03-3780-3090／12:00～14:00、18:00～22:00／水曜定休／渋谷区恵比寿西1-30-13-203（代官山駅から徒歩3分）

⑧ IL BOCCALONE（イル・ボッカローネ）

恵比寿駅からちょっと行った裏通りにあるにぎやかなイタリアン。スタッフが皆とても親切。パルミジャーノのリゾットが有名。ワンコはテラス席（冬でも暖か）のみOK。03-3449-1430／17:30～24:00／年中無休／渋谷区恵比寿1-15-9 1F（恵比寿駅から徒歩3分）

⑨ バンブー

表参道ワキを入るお洒落なサンドイッチ・ハウス。オープンテラスのある邸宅をカフェに改築。ワンコはテラス席のみだけどアンティークな店内もグー。お散歩ついでにどうぞ。03-3407-8427／11:00～22:00／年中無休／渋谷区神宮前5-8-8（表参道駅から徒歩3分）

⑩ 岡部亭 place du Vin（プラース・デュ・ヴァン）

ブルゴーニュワインの美味しいワインバーとダイニング。夜遅くからでもしっかり食べられるのが嬉しい。旬の素材を使ったパスタも美味！ 小さくてお行儀のよいワンちゃん希望とのこと。03-5414-6180／19:00～27:00／日曜定休／港区南青山1-15-19 1F（乃木坂駅3番出口から徒歩1分）

第4章
シナモン
芸能界デビュー

ひナモン、カムしゃ〜！

訓練士の清水さんは小柄《ミニチュア》なおじいちゃんだった。

一緒にいるとどちらがシナモンかわからない。

でも彼のおかげで、シナモンはどこへ出しても恥ずかしくない、いい子に成長していった。

ただ清水さん、江戸っ子と見えて、少々言葉に訛《なまり》があるのがタマにキズ。

「ひナモン、カムしゃ〜〜！」

きっとCinnamon, come here.のことでしょう？　ひとしが逆さまです。

「い〜こ、い〜こ。グッドガール、ひナモン！」

「清水さん、あの……シ、です、シナモン！」

私が清水さんを訓練してどおする？

「ヒナモン、ホイッチ、ホイッチ！」

「？？？」

ボールを取ってこいと命令する清水さん。

「それって　キャッチのことですか？」

「そう、ホイッチ、ホイッチ」

あとでわかったのだが、fetch（行って取ってくる）の意味でした。

トレーニングのあとはトイレに連れて行く。用を足したら思いっきり誉めてあげる。清水さんと二人三脚の訓練は四カ月あまり続き、その間、またもや管理人さんとの間でスリリングな展開を見せることとなった。

監視人のような例のあの人、である。

「ここんとこ、ちょくちょく川島さんの部屋を訪ねるあの老人はいったい誰だろう？」

ご近所に聞き込みをしたり、私の運転手さんにも「あのおじいちゃん何者ですかねえ？」と興味津々だったらしい。

すべてを知った上で、私とシナモンの味方であるうちの運転手さんは、

「お稽古ごとが好きな川島さんのことだから、なにか習いごとしてるんじゃないですか」

と言ってくださったという。

セーフ！

それでも納得しない管理人さん。

「どうやら彼女は、こっそり内緒で……」

そのあと続く言葉を運転手さんから聞いて、また安堵《あんど》。

「内緒で部屋の内装工事をしているらしい」

……そうおっしゃったそうな。清水さん、いつも作業服みたいな渋いファッションできてくださっているから、助かりました。ハイ。

それにしても、管理人さんのこの執念深い性格を調教したいくらいだ。

セレブにマウンティング⁉

よっぽどの場所でないかぎり、娘と仕事場へはいつも一緒。そうしているうちに彼女は、多くの芸能人、セレブたちと出会うことになる。

ある夏の日、花火大会の生番組に出演した。夜空で大きく花開く、あの迫力を味わわせたくてシナモンも連れて行った。

犬とは、雷や花火など、大きな音を非常に怖がる生き物らしい。

でもうちの娘は平っちゃら。マネージャーに抱かれて、うっとり夜空を見つめていたという。

その番組収録後、お化粧を落としている私のもとへプロデューサーの方が血相を変えてやってきた。

「川島さん、デ、デヴィ夫人がお呼びです」

（え、私、なにか失礼があったかしら……？）

先ほどまで放送中ご一緒だった。

その夫人がいったい私になんのご用？

化粧落としも中途半端に、私はデヴィ様の楽屋をお訪ねした。ドキドキ……なにか叱られるのォ？

浴衣からシックな麻のスーツにお着替えになったデヴィ夫人。そばには緊張した様子のお付きの人たち。そして夫人は、

「あなたのところのワンちゃん、可愛いわねェ、ちょっと見せてちょうだい」

「ははーーただいま！」

しもべのように従順に、私は、わが娘を献上した。

「んーまァ。可愛らしいコト、オホホホホホホ」

シナモンといえば、おしろい白粉の香りの夫人を一瞥《いちべつ》したかと思えば、楽屋中をお尻フリフリ、てってってってとお散歩し、ジーンズを穿《は》いたお付きの女性のおみ足にマウンティングをしはじめたのだ。

マウンティングとは、だっこちゃん人形のよーなポーズになって腰を振る、アレです。

「んまァ。オホホホホホ」

盛りのついた雄犬じゃなくとも、支配欲の強いワンちゃんは雌でもやるそうな。

「これ、シナモン！」

「いいんですのよ、これだから子犬は面白いわ」

夫人も二匹飼っていらっしゃって、そのマルチーズとティーカップ・プードル（トイ・プードルより小さいらしい）との間に最近、子どもが生まれたとか。

「ある日、ティーカップ・プードルちゃんの足が六本あったのよね。ドキッとして見たらズルズルッて八本になって、つるんって赤ちゃんが出てきたの、オホホホ」

さ、さいですか……。

ところでシナモン、今度は夫人の足を狙っている。

シナモン！　この方をどなたと心えるんじゃい！

顔から花火が出そうになり、私はシナモンをひったくるようにして、そそくさと退散した。

それにしても、いきなり真夜中に赤ちゃんが飛び出してきたものの、その後、冷静に対処なさって、ハサミを熱湯で消毒し、臍《へそ》の緒も切り、お産婆さんを務めたそうな。すごいですぅ。私にも、いつかできるでしょうか？

広まる！　ダックスの輪

「セレブにマウンティング」という小っぱずかしい行為を彼女は続けてくれた。早いうちにやめさせればよかったのだが、小ぶりでふんわりと軽いシナモンに足を抱きつかれても、イヤがる人はあまりいない。スタッフの間で、シナモンが誰の足を選ぶか競い合っていたこともあったくらいだ。

シナモンのお気に入りはジーンズ。その足にしかとしがみつき、すごい勢いで腰を振る。少し休憩をとっては、また始める。ウキキキーッ。まるで猿！　これをする時ばかりはシナモンは立派な獣。

でも、でもですよ。美川憲一さんのお衣装のキラキラズボンを引っ張って戯《じゃ》れついた時には焦った。美川さんに、

「フン、あんた可愛い顔してるのね」

なんて言われて得意げ。それはラメのお衣装よ。紅白でお召しになった大切なものかもしれないのよォっ！

「いいわよ、アンタ、可愛いから、フン！」

小さくて可愛い顔してると得をする。なにをやってもおとがめなしのシナモン。

局のカフェで会った超人気スターKさんには、「すんげえ。おもちゃみたい」と抱っこされ、いつになく満足げ。彼は抱き方もかなりサマになっていて、うっとりと心地よさげなシナモンだが、

「マスター、この犬ムニエルにしてー！」

なんてからかわれ、焦っていた。

高橋克典クンはじめドラマ「傷だらけのラブソング」でご一緒した皆さんにも可愛いがってもらい、彼女はスタジオというものが大好きになったようだ。

そしてシナモンと毎日のように会っている周りのスタッフたちが、

「私もシナちゃんみたいな子が欲しいわァ」

と、どんどんミニチュア・ダックスの輪が広がっていった。

二〇〇〇年の秋、友人のネイリスト、松下美智子さんちのサンタ君がパパになった。その赤ちゃんのうちの一匹を、私のマネージャーのお誕生日にプレゼントした。名前はショコラン。私が名づけ親。

二〇〇一年の秋、シナモンのパパとママの間に赤ちゃんが四匹産まれた。ひと目見て、一番可愛い子を　スタイリストの片山さんが飼うことになった。名前はジャスミン。またまた私が名づけ親。高橋克典クンも、シナモンを抱っこして以来、飼おうかどうしようか真剣に悩んでいた。

どんどん広がっていくダックスの輪。

芸能界でも飼っている方は多い。

小堺一機さんもダックスちゃんを飼っていたそうな。

毎朝ペロペロ攻撃で起こされ、お散歩に連れて行く。ふだん、道端でおしゃべりなんてしないご近所の方たちとも　ワンちゃん談議で盛り上がったりするようになったという。でも、他のダックスに比べると著しく成長が早く、気がつくと豆柴の成犬くらいの大きさになっていた。

血統書をよく見ると……ミニチュア・ダックスのつもりが、「ミニチュア」の文

ムニエルーJ!
TV局
食堂にて
んっ
Kタク
すげえ
カワイイな
オマエ
おもちゃみたい
ふーん
川島さんのムスメ
なんだ、あそ
マスター
この犬
ムニエルでっ
ちょ
ちょ
ちょ

字がないことに気づいた。

小堺さん、それってスタンダード・ダックスだったのネ！

（今は亡きそのワンちゃん、ご冥福をお祈りいたします）

女優の娘《こ》は女優

いつだったか、スタジオで某若手人気女優Aさんとすれちがった時のこと。あちらも超可愛いダックスを連れていた。

犬は飼主に似るというけれど、Aさんにそっくりでモデル形美人。

同い年でお誕生日はシナモンと九日違い。九日違いといえば私の誕生日（一一月一〇日）なのよねン。なんたる偶然。ますます目が離せない。

シナモンとその子はクンクン鼻を寄せ合い、お互いのお尻もフンフン嗅《か》ぎ合い

（これはワンちゃんの名刺交換のようなもの。お尻のにおいから性別、性格、年齢、社会的立場などを判断し合う、人間には絶対マネできない行為）、その後、じゃれて遊んでいた。お互いのスタッフも二人を囲み、「両方とも甲乙つけがたいわねえ」と美人比べが始まった。

シナモンにライバル出現！

このままでは、可愛らしさでは誰にもヒケをとらなかったわが娘が女王の座を奪われてしまう……と、その時！

しゃ～～～っ。

Aさんのところのダックスちゃんが、スタジオフロアで失禁！

「あらあら、駄目でしょー、もぅ！」

叱られて意気消沈のその子。

シナモンといえば、「まァ、子どもね」てな顔で、テッテッテッテッテッと他のスタジオへお散歩に出かけてしまった。

勝った！

やっぱりうちの娘が一番！

女は可愛いだけじゃ駄目なのよ。人前でのマナーもしっかり身についてなくっちゃね、ウォホッホッホッホ（D夫人、はいっています）。


それにしても「犬は飼い主に似る」というのは本当だと思う。

それはお散歩中にも実感する。

むこうから足が細くてキリリとしたイタリアン・グレイハウンドがやってきた。リードを持つ飼い主に視線を移すと、やっぱり凛とした筋肉質の青年。お互い「こんにちは」とだけ会釈して通り過ぎる。

またある時は、コロコロ太ったパグちゃんの兄弟。リードを手にするその女性は……やはり小柄でコロコロした体型の愛らしいご婦人だ。お顔だちもどことなくパグっぽい。

一緒に生活しているうちに似てくるのか、それとも、もともと自分の顔に似る要素を持った子犬を選んでいるのだろうか。

人は自分の顔にどことなく近い生き物には、特別好感を抱くという。飼い主によく似たワンちゃんは、愛情もたっぷりもらえて幸せそう。

犬だけにかぎらない。他の動物も、そして男と女だって……。

夫婦は似るというけれど、これもまた、長年の間にさまざまな感情を共有したり、同じ物を食べているうちに、体質や骨格なども近づいてくる。似てくるのは自然の摂理なのだろう。

そして私とシナモン。

私は雑誌やブラウン管では、けっこう大柄なヒトに見間違われやすい。だから実際の私を見た人々が口々に「意外と小柄なんでビックリしました」と言う。

そうなの、私、小柄なんです。

コギャルたちも、

「チッチャ～イ。顔も超ォーチッチャイ！」

握手をすれば、

「超ォーホッソーイ！」

小顔とか細いっていうのはともかく、「小さい」って言われると、自分でわかっていてもショック。

昔は成人女性の平均身長は一五八センチだったけれど、その平均が年々伸びて、今は一六〇センチを超える。一五八センチとちょっとの私は小さい。はっきり言ってコンプレックス。

でも、森光子さんだってヘップバーンだって、大女優はみんな細いか小っちゃいのヨ！　そう言い聞かせてコンマイくせに大きな顔をしている。

さてシナモンだ。

彼女を連れてお散歩していると、必ず通りすがりの人たちは言う。

「いや〜ン。小っさ〜い。ほっそ〜い。顔も小っちゃいのにお目々まんまる〜」

細い、小さい、顔小っちゃい、これは世の人が初めて川島なお美を見て、思わず口にする言葉とまったく同じ。

それにシナモンには「超カワイ〜イ！」という賞賛がもれなくついてくる。

「最近、なお美さんのお芝居をモニターでチェックしている時、シナちゃんそっくりの表情があるから驚きますョ」

と、ヘアメイクの鈴木さん。

なに？　シナモンが私に似てきたんじゃなくて、私がシナモン化しつつあるってこと？　いずれにしても、親子なんだもん。似てくるのはうれしい。

雑誌をぱらぱらめくっていたら、

「ペットと飼い主さんのそっくりコンテスト　出場者大募集！」

というのが出ていた。某企業の主催で、昨年度の優勝、準優勝のペアの写真も紹介されていたが、笑っちゃうくらい似ている。

「これだ！」

私は賞金ほしさに即応募した……というのはウソで、マネージャーの新井に、「出たい出たい出たーーい」と駄々をこねたら、「他薦ってことで応募しちゃいましょう」と、新井はシナモンと私の写真を添えて、一般公募してしまったのだ。

それも「飼い主さんそっくり部門」と、「有名人そっくり部門」の両方に。（新井エライ！）

有名人って、もちろん川島なお美のそっくりさんってこと？

困ったのは主催者側だ。一般の方にまじって女優から応募があり、どう対処してよいものか思案中、という返事。

そして出た結論が、「コンテストに出場していただくには問題ありまして、そのかわりゲストとしてお二人で出てください」ということだった。ラッキー！

当日、会場にはドレスアップしたたくさんのワンちゃん猫ちゃんが大集合。サングラスをした浜崎あゆみソックリのポメラニアンや、ちょっとつっぱった反町隆史ソックリのビーグルもいる。そのなかで「有名人そっくり部門」では、小泉首相そっくりのアフガンハウンドが優勝。今が旬《しゅん》よ、といった雰囲気をかもし出している。そして「飼い主さんとそっくり部門」では、ブルテリアとそのオーナーさんが優勝トロフィーを手にした。

それにしても犬とはなんと多種類な生き物だろう。猫に比べて外見、大きさが実にさまざま。これだけ種類豊富なら、自分のソックリ犬がどこかに存在するのもうなずける。

「川島さんがワンちゃんを飼っているなんて意外でした」

他の出場者の方に口々に言われた。

そう、これまでの私といえば、ワイングラスぐるぐるまわしているイメージが強かったのだろう。

この頃からだ、もうハラを決めて、堂々とシナモンと一緒にメディアに出るようになったのは。

管理人さんにバレたらバレた時だ！

いつのまにか「怖いもの知らず」の娘の性格が私に乗り移っていた。飼い主と犬は似てくる。これは外見だけではない。

シナモン日記❷
スタジオたんけん

はーい！ シナモンです。

きのうもスタジオにいって、がくやであそびました。

そこはみんなのおやつがいっぱい。リンゴパイやヤキイモのいいにおいがしてたまりません。でもわたしはいつもおあずけ。

ママのおてせいちらしずしを、みんなのめをぬすんでたべようとしたら「こらっ」てママにおこられちゃいました。

だいほんよんでるふりしてちゃんとみてるのね。

これはブタイのおけいこちゅうのはなしだけれど、ドンドコドンのやまぐちくんのおべんとばこをわたしがペロペロってなめたらママは「ノー！！！！！」ってすごーくこわいかおした。

でもわたしにじゃなく、やまぐちくんに「ノー！」って……。

やまぐちくんは、びっくりしたみたい。それから、トークのネタにしているそうです。

「おれがなめさせたとおもって、おこられちゃいました」って。

さて、きょうもがくやはすごくいいにおい。

ひとつおちてたやきたてクッキーをそおっとひろってたべちゃいました。バターのいいかおりで、いつものわたしのごはんとおおちがい！

これだからスタジオのたんけんはやめられません。こんどはカレーをたべるんだ。

あ、このことはママにはないしょだよ！

第5章
里帰り

本当のパパとママ

いくらそっくりと言われる親子とはいえ、私が出産したわけではない。彼女にも、この地球上のどこかにＤＮＡのつながった本当の父母、はたまた兄弟がいるはずだ。

「こんな可愛いシナちゃんのパパとママって、どんな顔してるんだろう?」

ある日、私はシナモンの血統書を引っぱり出して、記されているブリーダーさんを探すことにした。まずペットショップでは「わかりません」の一点張り。ジャパン・ケンネルクラブでも「教えられない規則になっています」とのこと。

フルネームは控えさせていただくが、シナモンが生まれたところのブリーダー名は「イナガキ」となっていた。その名を一〇四番で調べてみると、都内に六件のお届けが。

片っぱしからかけていく。

「あの、そちら、ワンちゃんのブリーダーをやってらっしゃるイナガキさんですか？」

「違います」

ガチャリ。

「あの、そちらワンちゃんの……」

「忙しいんだよ、あとにしてくれ」

バックではジャラジャラと、雀荘であるかのような音。違うナ……。

六件ともハズレ。

次に神奈川県に届け出のあるイナガキさんちの番号をプッシュしてみる。

ぜーんぶハズレ。

果てしないシナモンの両親探しの旅は続いた。

でもある日、気づいたのだ。

よく見ると血統書のブリーダー名の下に、Ｉｗａｔａｓｈｉとある。これってイワタ市……静岡県磐田市のこと？　磐田市在住の稲垣さん……？

一〇四番のお届けは一件だけあった。はやる胸を抑え、番号をプッシュ。

先方が出たとたん、

「わんわんわんわんわん。キャンキャンキャンキャンキャンキャン」

電話のむこうで、数十匹のワンちゃんたちの元気な鳴き声。

ビンゴ！

「私、川島と申します。お宅で生まれたワンちゃんを飼っています。この子の両親がどんなワンちゃんなのか会ってみたくてお電話しました。この子の生みの親は、お宅にいるんですか？」

興奮ぎみでしゃべる私に対して警戒するかのように、「あー、どぉだったかなァ」とクールなイナガキさん。

とりあえず、ご住所をうかがい、シナモンのとびっきり可愛い写真を何枚かお手紙に添えて送った。

それから数日後、お返事が……。

なんでも、「ただのヒヤカシの電話だと思っていたのに、手紙を読んだら相手が女優さんでびっくりした」とのこと。そしてシナモンのことをよく覚えていらして、「あのおっぱい嫌いの、育つか育たないかわからなかった、一番チビの女の子がこんなに成長していたなんて驚きました」とも書いてあった。

今でもシナモンのパパとママは現役でがんばっているのだそう。

そしてその写真を見ると……

シナモンそっくり！

パパの黒いビー玉のような大きな瞳、耳を飾る栗色の巻毛。ママのほっそりした横顔としなやかそうな体つき。こりゃシナモンは、二人のいいとこどりをしたみたいだ。

会わずにはいられない。

シナモンの故郷

ある夏の昼下がり。

車を飛ばして、私は磐田市のブリーダー、稲垣さん宅へ向かった。

「田んぼの中にある小さな家ですし、女優さんにきてもらっても、なーんもおもてなしできませんしィ」

いえいえ、愛する娘に親子の再会の感動を味わわせてあげたいの。そのためならば、田んぼの中でもどこへでも……。

「きてくださるんなら、色紙いっぱい用意して待っとります」

はいはい、愛する娘のためならなんだって……。

磐田インターで降り、のどかな田舎道を走ること数十分。お約束の場所に稲垣さんは見えた。

「こんな田舎までようこそ」

なにをおっしゃる稲垣さん、ここ磐田といえばサッカーのジュビロ磐田でも有名じゃーあーりませんか！

そして彼のあとをついて行くと、住宅街の中の、一軒の民家に案内された。

「この家は私の実家でして、シナモンちゃんはここで生まれ育ったんですよ」

そうなんだ……。

一九九九年十一月十九日。

この世で生を受けて、他の兄弟たちとのオッパイ競争に負け、一人淋しくいじけていたシナモン。

だんだんオッパイを飲むようになったけれど、横浜のペットショップに売られ、一番すみっこのケージで心細く〝誰か〟を待っていたシナモン。

なんにも覚えていない様子で、野の花が咲き乱れるお庭を駆けまわっている。

「いよいよ貴方の本当のパパとママに会えるのよ」

会う前から私のほうこそ目頭が熱くなってしまう。感動の再会はもうすぐ……。

シナモン女の子になる

知人のところに子犬が生まれて譲り受けたのならともかく、ペットショップで買ったワンちゃんの本当の親を探し出すのは、容易ではない。

私みたいに根性で探し出し、里帰りさせてあげられるケースは希《まれ》かもしれない。

ついにシナモンの生まれ故郷にくることができました。神様、ありがとう……。

稲垣さんのご実家の庭につながれたゴールデン・レトリバーに「わわわわわん！」と向こう気の強さを見せつけている小さなシナモンを見つめながら、私は思い出していた。

一年と数カ月、彼女と過ごした日々を……。

あれはまだ生後七カ月の頃だった。ソファでごろんと仰向けになったシナモンの下腹部に、赤茶けたものがこびりついている。よく見ると、白いクッションにも点々と薄赤い染みが……。

「シナモン？　あなた……」

そーか、そーなんだ。シナちゃん、一人前の女の子になったのね。

おめでとう……！

さっそく、シナモンを可愛がってくれている女性スタッフたちに報告。ヘアメイクの鈴木さんがお赤飯を炊いて持ってきてくれた。シナモンを囲んでみんなでお祝い。でも、お赤飯はあげられないのよ、ゴメンね。

どことなく、いつもよりおとなしいシナモン。人間と同様に、生理痛なんてあるのだろうか。

自分の体の変化に気づいている様子で、とまどっているように動きも鈍い。

でも、これであなたもいつか立派な母になる可能性ができたのよ。よかったね。

自分で舐《な》めて始末する彼女に、生理用パンツは要らなさそうだ。でも親としては、ペットショップに行って「あのう、可愛い生理用パンツありますか?」なんて聞く喜びも味わってみたい。

初めての生理は二週間以上も続いた。

その間、公園などで会う雄犬たちの敏感な反応には驚かされた。数メートル先からでもシナモンの〝フェロモン〟を嗅《か》ぎとって、ダーッと走り寄ってくる。

クンクンクンクン……

よだれをたらさんばかりに興奮して、シナモンのお尻を嗅ぐ雄犬たち。

「いやーん、ママ助けて!」

抱っこを求めるシナモンは、まさにお年頃のお色気ムンムンレディだった。

生理も終わり、二カ月ほど経った頃。

いつもは食欲のかたまりのようなシナモンが、食事を残すようになった。においの強いおやつ系のものは口にするが、いつもの食欲とはほど遠い。

どうしちゃったんだろう……?

獣医さんに相談した。

「ワガママが出て、もっと美味《おい》しいものがほしい、とねだっているだけかもしれません。しばらく様子を見ましょう」

「でも……」

「大丈夫、一日や二日食べなくても死にゃしませんよ」

とはいえ、この三日間で口にしたものはビーフジャーキー数本と鳥ささみ肉ひと握りくらいだ。心配……。

毛艶まで衰えていくような気がして、私はシナモンをいつものエステに連れて行った。美容室「BlueTerra」は代官山にある。

「食べないんですよ、おかしいと思いません?」

お店のスタッフのお姉さんにすがりつく私。

「うーん、シナモンちゃんの生理はいつでした？」

「二カ月ほど前、初めてきて……」

「そうすると、その間交配していれば、今が妊娠している時期ですね、もう出産まぢか」

「ええっ、シナモンが妊娠!?」

「いえいえ、想像妊娠ですよ。なにか、いつもより甘えん坊になったり、ひとつのオモチャに固執して、大事に隠し持っていたりしていませんか？」

「そういえば……」

手のひらサイズのクマのお人形ばかり、いつもくわえて、ベッドで遊んでいたっけ……？

「シナモンちゃんも立派な女性ですね。それは間違いなく想像妊娠です。クマのお人形はシナモンちゃんにとって想像上の赤ちゃんなのでしょう」

思わず涙が出た。

あのクマさん、あなたの赤ちゃんだったの……？

お店の方が言うとおり、それからほどなくしてシナモンの食欲は正常に戻った。と同時に、クマのお人形には振り向きもしなくなった。この人間顔負けの繊細さや本能のあり方に、私は心底驚いていた。

両親犬との再会

そんなことを懐かしく思い出しているうちに、いよいよパパとママとのご対面が近づいてきた。

「あなたたちの娘がこんなに立派になりました。見てやってください」

シナモンのパパとママに会ったら、そう告げよう。

シナモンが生まれ育ったという民家をあとにして、私は稲垣さんご夫婦の住む家に案内された。

なるほどのどかな田舎道。るんるんとシナモンも上機嫌。メロン栽培のハウスの奥、小さな一軒家が見えてきた。扉を開けたとたん……

「わんわんわんわん」

「キャンキャンキャンキャン」

すさまじい歓迎（？）の鳴き声に、思わずあとずさりする私たち。

「ムサシー！　キララー！」

稲垣さんの呼び声でケージから出された二匹のミニチュア・ダックスフント。

「可愛い！」

写真で見たとおり、シナモンによく似たお顔だち。

女の子は父親に似るというけれど、ワンちゃんもそうなのだろうか？　ムサシのクリクリした黒目がちの瞳は、シナモンと瓜二つ。そして、成犬の雄としてはタイトで小柄。尻尾を振って、娘のお尻のにおいを確かめている。

そのとたん、固まっているシナモンにいきなり乗っかって、腰を振り出すムサシ。

「これ！　あんたの実の娘だよ！」

そうは言っても人間と違い、血を分けたわが娘だなんて知る由《よし》もない。

（マブイガキだぜ）

ハアハア舌を出しながら追いかけまわす。

だからアンタの娘だってば！

続いてママのキララ登場。女らしい体つきでおっとりしている。

「シナちゃん、あなたのお母さんよ」

そう言ってもお互いなにも覚えていないのか、よそよそしい。「私のママは、なお美ママ！」そう訴えるように私の膝から降りようともしない。

そのうち次々と、色とりどりの他のダックスたちが集まってきた。白と黒、抹茶、アズキ、コーヒー、ゆず、桜……ういろうのローカルCMを彷彿《ほうふつ》とさせる。

里帰りのため精一杯おしゃれした、ボーダーTシャツ姿の綺麗なシナモンを見つけて、

「うわっ、誰こいつ？」

と興味津々に取り囲む。

田舎育ちのダックスくんたちは、肉づきもほどよく、体臭もかなりキツイ。

リボンをつけて、シャンプーしたてのシナモンは、まるで都会からきたひ弱な転校生。

「ヤーイヤーイ、もやしっ子！」

そうはやし立てられているように見える。

「ママ、帰ろうよォ」

たくさんのダックスたちの中でも、やっぱり一番チビのシナモン。なんでこんな騒々しいところへ連れてきたんだと、文句を言わんばかり。

涙のご対面とはほど遠い展開となってきた。

その瞬間……。

怯《おび》えているシナモンの元へ、ママのキララがとことこやってきて、シナモンの顔をペロペロッと舐《な》めた。相変わらず固まっていたシナモンだが、やや照れくさそうな表情でじっとしている。やがてまたキララは、自分の居場所へそそくさと戻って行った。

これはなんの合図だったんだろう……？

不安げなわが娘をかばうような仕草。お腹を痛めて産んだ子どもだということを、ちゃんと思い出したかのような瞬間だった。

もうこれだけでも満足だ。

「本当にこんな田舎までよくきてくれたね」

そう言って稲垣さんご夫婦は、地元で採れた完熟メロンをお土産に持たせてくださった。

熱い一日だった。

「ムサシとキララの間にシナモンちゃんの妹が生まれましたよ」

その嬉しい知らせが届いたのは、二カ月後のことだった。

シナモン日記❸
さとがえり

はーい！ シナモンです。

くるまにのっていなかにあそびにいったときのこと、よくおぼえています。

たくさんのおともだちがやってきて、わたしは、あっとーされてしまいました。

「シナちゃんのパパとママよ」ってママはいうけれど、わたしのママはママひとりだけだからよくわからない。

でもなんだかなつかしいにおいがしました。くさのあおいにおい。くだもののあまいにおい。おっぱいをもらってたときのいいにおい……。

またいってみたいな。あのいなか。

あのときキララっていうおねえさんはわたしにいいました。

「あいかわらずチビねえ。でもだいじにされててよかったね」

チビチビっていわないで！ でもなんでむかしからチビだってことしってるの？ おねえさんはわたしのなんなの？

わたしはママからうまれたにんげんのむすめなのにな。

みんなはわたしのことワンコだとおもってる。でもわたしはママのむすめなの。ってことはわたし、にんげんだよね？

よのなかには、ほんもののワンコと、ワンコのすがたをしたにんげんがいます。

ホントだよ。

第6章 独身女優の愛犬生活

シナモンセラピーの効果

愛犬《いぬラヴ》生活を始めてから、私の身に起こった大きな変化、それはいくつかある。

1、すごく早起きになった
2、夜、なるべく早く帰宅するようになった
3、男性の好みが変わった
4、見知らぬ人とも、お互い犬連れだと旧知の友のように話がはずむようになった
5、仕事で母親役を演じやすくなった
6、ペットOKの場所を探して、よく出かけるようになった

まず、毎朝トイレの報告で起こされる。引き続き朝ごはんをねだられ、早朝からパワフルな娘に引きずりまわされるようになったこと。おかげでこの二年半、目覚し時計にたたき起こされたことはほとんどない。

夜は夜でシナモンのことが気になり、仕事ならともかく、プライベートで飲んでいる時は「じゃ、娘が待ってるんで」と早々きりあげることが多くなった。

昔みたいに朝までワインバーで過ごし、その足で築地のお寿司屋さんにワインを持ち込み朝ごはん……なんて過激なことはできなくなった。要は、とても健全

な生活になったということ。風邪もあまりひかなくなった。これもシナモンセラピーの効果だろうか？

ペットを見たり触れたりすることで、脳内に「エンドルフィン」というリラクセーションを促す物質が分泌されるとなにかの雑誌で読んだ。これは「天然の鎮静剤」とも呼ばれる物質だそう。なるほど、シナモンと共にいるだけで心と体の痛みが和らぐ気がする。

男性の好みに関していえば、条件に「シナモンを私の次に愛してくれること」というのが加わったこと。私がヤキモチ焼くぐらい娘を可愛がって欲しい。「オレ、犬って苦手」っていう男性はダメダメ。結婚相手もコブつきの私を受け入れてくれる人に限る。

そんなことだからいつまでたっても嫁にいけないんだよって？　わかってますよー。でもシナモンはオトコと違って「こんなに遅くまでどこにいたの？　え？誰と会ってたの？」なんて聞かないもんね。

シナモンがいれば淋しくない……。

それから、これはホントに変わったこと。こう見えても人見知りの私にとって、道端で赤の他人と世間話……なんて昔は考えられなかったけれど、お散歩中に出会う愛犬家の皆さんとは話がはずむ。

「可愛いですねェ、男の子ですか、女の子ですか?」

「お名前は? へーえ。〝ナンダロウ君〟? ユニークなお名前なんですねェ」

「去勢手術するならどこそこの病院が親切でいいですよォ」

「そのお洋服、広尾に新しくできたあそこのお店の?」

なんてワンちゃん関連の話題で盛り上がる。ワンちゃん連れの人はみーんないい人に見えるし、自分がちょっとTVに出てるからって、他人との間に垣根を作ることがなくなった。

先日、恵比寿で買い物中、「あ、シナモンちゃんだ。〝ポチたま〟(シナモンとゲスト出演したバラエティ番組)見ましたよ」と声かけられた。そこでまたワンコ談議。そんな機会も増えていく。

病院に行ったり、お洋服を見つくろったり、育児書を読んだり……私の日常は、人間の子を持つ母に近づきつつある。これでショードッグのチャンピオンでも目指せば、まるでお受験にいそしむ母親だ。

仕事で母親を演じる機会は以前からたまにあったが、子どもを産んだ経験のない私には、とてもむずかしかった。

息子を虐待してしまう母、娘を愛せなくて苦しむ母、事故で最愛の息子を失う母。そんな重い役どころから、キャピキャピした姉のような母、お酒と男にルーズで、娘に依存しているダメ母。なんていう母親らしからぬ役どころまでさまざま。

愛犬《いぬラヴ》生活以前は、ただただ想像上で演じるしかなかったけれど、今では〝母の気持ち〟が手に取るようにわかる。娘役の女優さんの瞳の奥にシナモンを思い、一途に愛を注ぐ。シナモンのおかげで母親役が昔よりうんと演《や》りやすくなった。

旅は犬連れ

それにしても、この日本という国は、なぜどこもかしこも〝ペット不可〟なんだろう。ヨーロッパなんかじゃレストランやカフェはもちろん、ホテルだってワンちゃん連れ。きちんと躾《しつけ》がされて、おとなしくご主人の足元で待ってる姿をよく見かける。

フランスでワインの騎士号をいただいた時、セレモニーの行なわれた古城でも愛犬連れの人々をよく見かけた。

乗り物に乗るのだって、海外からきたワンちゃんの検疫だってわりと簡単。日本だけですヨ、帰国後、検疫のため成田で数週間も足止めをくらうのは。

その間、離れ離れになるのがつらいから、シナモンと海外旅行はまだしたことがない。

いつかヨーロッパの葡萄畑や草原を駆けまわる。

一緒にニューヨークのセントラル・パークでベーグルを食べる……私の夢。

先日、住宅街にある小さな美術館へ、知人アーティストの個展を観に行った時のこと。

前掛けスタイルのバッグにシナモンを入れて（まるでカンガルーの親子）、これなら大丈夫だろう、と入場券を求めたとたん、

「犬はだめですよ」

と係の若い男性。

そのケンもホロロな言い方にカチンときた私は、

「どうして？」

と迫った。

「どうしてと言われても規則ですから」

（あーそーわかりましたヨ！　だいたい、イヌとはなによ、せめてワンちゃんとか言いなさいよ。犬には芸術鑑賞する能力も資格もないってわけね。でもうちの

娘はアンタより鼻が利くのよ、審美眼だってきっとあるわ、それにじっと大人しくしてんだから誰にも迷惑かけへんのじゃ！　わかったかい！）

そう言いそうになるのをこらえ、「すみません」と背中を丸めて退場。車の中でシナモンをお留守番させることに。

にもかかわらず、大阪では小さなショルダーバッグにシナモンを詰めて、有名水族館へおしのび入場。まさかこんなところへワンちゃん連れの人もいないだろうと、ペット不可の看板もないし、修学旅行生たちに紛れて入ってしまった。

巨大なトドや磯マグロに驚く私たち。

ラッコが可愛い、クマノミの大群がビューティフル、ウメイロモドキの華麗な水中ダンス……！

ガラス越しではあったが、海の神秘にすっかり魅入った様子で、シナモンは目をパチクリさせている。

連れてきてあげてよかった……。シナモンには、この地球上のすべての美しいものを見せてあげたい。

嬉しい時は犬も笑う

シナモンは軽井沢が大好き。

初めて私の小さな別荘まで連れてきてあげた時は大喜びだった。

ペットＯＫのカフェやレストランも多い。

奥軽井沢のペンション「アスプロス」はオーナー家族が大の動物好き。同居人は常時ワンちゃん十五匹、猫ちゃん十八匹、馬が三頭に、最近では山羊の〝よしこさん〟もメンバーに加わった。ここの広いドッグランでよしこさんと追いかけっこをするシナモン。ハアハア舌を出して振り向いた彼女が笑顔であることに感動した。瞳はキラキラ、口角はニッと上がっている。

「シナモンが笑ってるー！」

嬉しい時は犬も笑う。その表情、お見逃しなく。

中には「ワンちゃん連れじゃないと入れません」なんてところもある。オーナーさんが超愛犬家のレストラン「あむーる」。店の壁中、ワンちゃんの絵や写真だらけ。ご主人は軽井沢彫りの作家でもあり、ペットの写真から重厚な愛犬彫りの掛け時計や箪笥《たんす》を仕上げてくださる。

そんな中、いつものカンガルーの親子バッグに彼女を入れて、地元のスーパーに入った時のこと。都内のデパートやスーパーでもたまにこうして買い物をするから、ここでも平気だろうと入ったとたん、

「あのう、ご家族同然とは思いますが、ワンちゃんはちょっと……」

申し訳なさそうに話しかけてくるお店の男性。そりゃこっちが悪い。規則は規則ですものネ。言い方ひとつで人間、素直にもなれるもんです。〝ご家族同然〟だなんて、ちゃんとわかってくださってるじゃあーりませんか。

でも、もっとワンちゃんOKの施設が増えてほしい。明治神宮にシナモンとお参りに行ったら「犬はだめ！」ととがめられてビックリ。うちの子は参道でオシ

ッコなんかしませんよ！

都内の有名公園にも「NO PETS」の看板が掲げられているところがある。公園って公の園じゃないの？　もう信じられない。

ディズニーランドや動物園へも、盲導犬でも介助犬でもないシナモンは入れない。スポーツジムに足が遠のいたのもペット不可だから。エクササイズは自宅でもできる。ましてやゴルフなんて一日中お留守番させなくてはいけない。あの自然に囲まれた芝生の中、一緒にラウンドしたいのになァ……。

日本人にとって「犬と暮らす生活」というのが他国と比べて歴史が浅いから、仕方ないのかもしれない。

躾《しつけ》だってマナーだってキチンとできなければ、公共施設に入れないのは当たり前。でも将来はわからない。この空前のペットブームが続き、ペットOKのマンションやホテルやレストランが、十五年後には当たり前になっているかも……。

それまでシナモン、長生きしようネ！

介助犬との出会い

「補助犬法成立　二〇〇二年一〇月施行！」

私にとって感動的なニュースが目にとまったのは、大阪での舞台の真っ最中だった。私の出演していたお芝居も、車椅子に乗った方に介助犬連れで観にきていただけたらいいなァと思っていた矢先。

介助犬とは、体の不自由な人たちの自立をお手伝いする健気なワンちゃんたち。

その存在を初めて知ったのは、たまたま見たTVのドキュメンタリー番組だった。落とし物を拾ったり、エレベーターのボタンを押したり、坂道でも車椅子を引っ張ったり、一緒に電車に乗るのを手伝ったり……実に賢く忠実に働く。なにより、身体に障害を持った人に希望と喜びを与え、究極の癒し効果を発揮している。これは素晴らしい……と、興味を抱かずにはいられなかった。

でも、介助犬は盲導犬のように社会的認知度が高いわけではなく、日本ではまだペット扱い。そのため、あらゆる公共施設に入る許可が下りづらい。マンション、学校、職場においてもそう。また、国の援助もないため、みなさんボランティアで介助犬を育成しているのだという。なんとかならないものか……。

ある日、京都にある介助犬トレーニングセンターへ、訓練風景を見学させてもらいに訪れた。あまりにも厳しいトレーニングを受け、犬もつらそうにしていたら見るに見かねてすぐ退散していただろう、ところが……。

そこで見たものは、車椅子に乗ったご主人さま（レシピエント）を、尻尾を振って出迎える純真な姿、そしてトレーニングをまるでゲームのように楽しんで取り組んでいる介助犬候補生の様子。

徐々に筋力を失っていってしまう脊髄性筋萎縮症という難病をもって生まれたKちゃんは、まだ十五歳の少女。

お母さんはKちゃんの体が少しでも動くかぎり、できるだけたくさんの笑顔を見ておきたいと介助犬に願いを託したのだという。

「あの娘はいずれ、笑うための筋力さえ失ってしまうのですから」

実は、Kちゃんは大の犬嫌いだった。

それが、Kちゃんのために選ばれた介助犬と二人三脚で歯を食いしばっているうち、心も打ち解けてきて、完全に信頼し合えるパートナーになったという。パートナードッグの名前はムサシ。

その後のKちゃんとムサシを追ったドキュメンタリー番組では、渡米して同じような病気の人やヘルパードッグたちとのふれ合い、そして念願のスキューバダイビングにも挑戦する姿まで放映され、またまた感動した。

海から満面の笑みをたたえてボートに上がってきたKちゃんを迎えるムサシの優しい姿。二人の人生はこれからもっと輝いていくように見えた。

そんな幸せも束の間、ムサシはその後重い病にかかり、三歳半の若さで他界してしまったのだ。

この世でたった一匹の、最高のパートナーを失ったKちゃんやご家族の悲しみはどれだけ深かったことだろう。

それでもこの秋から施行される補助犬法によって、介助犬も聴導犬も、盲導犬と同様に国が認めることで育成もますますさかんになってくるはず。

がんばれKちゃん！　天国に行ってもムサシは見守っているよ。

難病と闘う人や車椅子の生活を余儀なくされた人のために少しでも役に立つよう、私にできるささやかなこと――それがオリジナルワイン、キュヴェナオミ一九九九年の売上金を、介助犬トレーニングセンターへチャリティすることでした。

一頭の介助犬を育てるのに最低一五〇万円はかかるとあっては……。

これは毎年、地道に続けていくつもりです。二〇〇〇年ボトルも発売され、今回はラベルにシナモンとボーイフレンドを描きました。

どうかみなさんも、バリアフリーな世の中になるようご理解とご協力のほどをよろしくお願いいたします。

P.S.　でもネ　シナモン、ママを助けてくれる心の介助犬はあなたよ。ねえ、
　聞いてるシナモン？

2000
Cuvée Naomi
Nicolas Potel
Bourgonge Pinot Noir
Vieilles Vignes
Naomi

Cuvée Naomi
Appellation Bourgogne Contrôlée
2000
Vinifié,élevé,mis en bouteille par Nicolas Potel (S.A.R.L.)
Nuits-Saint-Georges (Côte-d'Or) France
Produce of France
13%ALC.BY VOL
750ML
輸入業者及び引取先
井原水産株式会社
北海道留萌市船場町
1丁目24番
TEL.(0164)43-0001(代)
果実酒
飲酒は20才になってから
品名:ワイン
容量:750ml
アルコール分14度未満
酸化防止剤(亜硫酸塩)
リーファーコンテナ使用

キュヴェナオミ二〇〇〇年のラベル
画＝川島なお美

なお美コラム❸

ワンコと行けるごはん屋さん〈軽井沢編〉

① エンボカ

森の中のピザ屋さん。石釜で焼く本場の味。他にはないレンコンのピザや季節の野菜ピザ、果物のデザートピザは気絶しそうなほど美味。0267-44-3301／11:30〜20:00／水曜定休／北佐久郡軽井沢町南原3874-5（軽井沢駅から車で10分）

② カフェ・ラフィーネ

庭ではリスが遊んでいる静かなカフェ。ここのバナナケーキは絶品。隣の工房ではアクセサリも作られており、シナモンのクリスタルの首輪をオーダーしました。0267-42-4344／11:00〜18:30／不定休／北佐久郡軽井沢町六本辻1663（軽井沢駅から徒歩13分）

③ ティーサロン 軽井沢の芽衣

作家、内田康夫氏＆早坂真紀氏のお店。裏には「妖精の棲む森」がどこまでも続き、ドライブがてら休憩するのに最適。ワンコはテラス席のみ。0267-48-3838／10:00〜17:00／定休日：水曜定休／北佐久郡軽井沢町発地1293-10

④ コクーン・ティー・ガーデン

お野菜たっぷりのヘルシー料理と充実のサラダ・バー有。シナモンも高原のお野菜食べてます！ ワンコ連れは冬でも暖かなテラス席のみ。0267-42-7864／9:00〜21:00／水曜定休／北佐久郡軽井沢町軽井沢1323-496（軽井沢駅から徒歩8分）

⑤ プリマヴェーラ

宿泊もできるオーベルジュ。軽井沢らしいエレガントで静かな空間。サーヴィスが暖かでシェフも素敵。ランチもおすすめです。ワンコはテラス席のみ。要予約で、お行儀のよい子を。0267-42-0095／12:00〜14:30、17:30〜21:00／水曜定休／北佐久郡軽井沢町軽井沢1278-11（軽井沢駅から徒歩7分）

第7章
引越し

新居が見つからない

「ママとシナちゃんのお城探しに行くわよ」

八年ぶりに引越しを決意してからというもの、不動産屋さんの案内でお部屋探しをすること半年。

好奇心のかたまりであるシナモンにとって、住人もいない、家具もなにもないガランとしたお部屋見物は退屈と思いきや、格好の遊び場となった。人間にはわからない残り香が興味をそそるらしく、部屋中のにおいを確かめている。そして、雨の日でも思いっきり走れる。

ドッグ・ランじゃないのよ、ここは!

駒沢公園近くの新築マンションを見学中、ちょっとしたスキに真新しい絨毯《じゅうたん》の上で粗相《そそう》をしてしまったシナモン。

「ああっ」

湯気を立てるコロンコロンのかたまりを見て、不動産屋さんも泣きそうな顔。

「すみまセーン！」

芝生のようにフカフカした絨毯が気持ちよかったのだろう。そのあと入居したご家族の方、本当にごめんなさい。

最初は楽しかったお部屋探しも、五カ月も過ぎて困難をきわめてくると、さすがに焦ってきた。

「アンタ、内緒で犬飼ってるね」

管理人さんにそう言われるまえに新居を見つけなければならない。


でも、条件に「ペット可」はもちろんのこと、緑多い住環境、家相や引越す方角もよいこと……など言ってると、なかなか見つからない。家相が良いと日当たりが悪い。ペットＯＫで景色も素晴らしいと、風水的には最悪。欠点のない部屋など見つかりっこなかった。

五、六社の業者さんに依頼して探していただいていたが、年明けには半分の業者さんに見捨てられた。
「なかなかすべての条件をクリアできる物件なんてありませんよ……」

そうして新物件の情報も途絶えてきた。

私たちのいぬラヴマンションはどこにあるのー？

そんな矢先、一通のＦＡＸが私の心を躍らせた。

ペットＯＫ、住環境良し、家相も良し、風水の師匠Ｄｒ．コパさんにもお墨付きをいただいた間取り。闇の中に一条の光を見いだした気分だった。

そして驚くことに竣工されたのが一九九九年一一月、奇しくもシナモンの生誕と同じだったのだ。娘と同じ年のマンション！

半年も探し続けて目の肥えた私たちは、迷うことなく即決した。

「ここよここよ、ママとワタシのお城！」

はしゃぎまわるシナモンの尻尾はクルクルまわっていた。

本当はバレバレ？

二〇〇二年春。過去五〇年間で最高に暖かな桜の季節、私たちは新居に引越すことになった。

前のマンションは二年もシナモンと過ごした思い出の部屋。毎年テラスからお花見ができた。その山桜と枝《し》垂《だ》れ桜もポツポツと咲きはじめている。

シナモンを叱ってポッカリ開けてしまったリビングの壁の穴。何度も粗《そ》相《そう》されてシミのついたカーペット。嚙《かじ》られた柱の傷あと。シナモンとの思い出がぎっしり詰まった部屋だった。さすがに切ない。それでも誰に気がねするでもなく、今度からは堂々とシナモンと出入りできるなんて夢のよう。

引越し前日。ダンボールの海になってしまうのはわかっていたので、三日間はシナモンとお別れ。友人に預かってもらい、数百個のダンボール箱に思い出を詰めて運ぶことに。

当日は雨もやみ、雲ひとつない晴天に恵まれた。「いい天気になってよかったねえ。でも淋しくなりますよ」と管理人さん。いつもギラギラにらんでいるような銀ブチ眼鏡の奥の瞳も、今日はなぜか優しげ。

本当、淋しいですよ。二年間、秘密にしていてごめんなさい。最後に娘を紹介したかったけれど今はいないし……このまま出てしまいます。八年間も本当にお世話になりました。

何度も頭を下げて、古いマンションをあとにした。三トントラック四台の先頭にたって、自分の車で新居に向かう。その車内でドライバーさんの言葉に私はギクリとした。

「いやー、あの管理人さん知ってましたよ」

「な、なにを?」

「去年あたりから気づいていたけど、八年も住んでるし、近所の苦情も出てないし、しょうがないですよねー、なんて言ってましたよ」

「えええっ。シナモンのことご存じだったの？」

「はァ、ふだんあまり荷物を持たない川島さんが、いつも同じ長細いカバン肩にかけてるから、ナンダロなあって思ってたらしいですよ」

「……………」

「ある日ドア越しにキャンキャン鳴き声がして初めて、犬がいるんだってわかったそうです」

「……………」

　絶句。その後、笑いが止まらなかった。まるでタヌキとキツネの化かし合い。やっぱり管理人さんのほうが一枚うわ手だった。負けました。ニヤッとしたいつものシニカルな彼の笑みが浮かぶ。

「川島さん、私たちに気をつかって引越しちゃうなら、なんだか悪いねえ、もうわかっているのに、とも言ってましたよ」

　そーかいそーかい。アリガトね！　すべてお見通しだった管理人さん。悪いのはこっちのほうです。知ってて知らぬフリ、感謝しています、ハイ。

同い年のマンション

ダンボール箱も片づき、シナモンの受け入れ態勢がやっと整った日、彼女は私たちの新しいお城へやってきた。シナモンと同い年のマンション。

（すんごーい！）

部屋中を駆けずりまわり、自分の慣れ親しんだソファやベッドのにおいを確かめている。

三日ぶりに会ったママにキスは……？

私との再会なんてどうでもいいみたい。新しい部屋が相当お気に入りの様子。

こうして、ペットOKの新しいマンションで、私たちの新たな生活がスタートした。

以前のような桜の樹が見渡せる広いテラスはないものの、南に向いたすべての部屋は日当たり良好で気持ちよい。

それにシナモンをバッグに忍ばせてコソコソ出入りする必要がなくなったのは大きい。二人して堂々とエレベーターに乗り、お散歩に出ることができる。まさに大手を振ってのお出かけ。

するとどうだろう、シナモンの態度も急にでかくなってきた。

引越してからだ、やたらシナモンが吠えるようになったのは。

お掃除のおじさんを見てはワンワン。

他の住民さんを見てはワンワン（とくに背の高い外人さんに吠える）。

シナモンは、引越してからワガママになった気がする。制約がなくなってあまりにも自由というのも考えものだ。

そして、もうひとつ私の悩みは……シナモンのマウンティング。

他人の足にからみつき、ゼンマイ仕掛けの人形のような勢いで腰を振る。

「え？　シナモンちゃんは男の子だったの？」

みなさん、ギョッとして足を引っ込めると、もっと出せといわんばかりにズボンの裾をくわえて引っ張り出す。この行為ばかりは本当に理解しがたい。支配欲の表れともいう。

実際、ボスでもありママでもある私にはしない。

でもこれ、パラオ共和国の大統領のおみ足に始めちゃった時には、さすがに焦った。

ご縁あって、来日中のパラオ共和国のプレジデントから、親善大使の任命状を拝受した日の出来事だった。

他にもペリリュー島の酋長さんや大統領補佐官、通訳の女性などなど、初対面の方がたくさんいる中、シナモンは真っ先に大統領のおズボンめがけて突進した。高貴なものに目がないらしい。

〝Oh, she's so cute!〟

喜ぶ大統領。それがただ、足に乗っかって腰を振りたいがためのアプローチと知るよしもなく……。

なんでもパラオの邸宅に動物を十数匹飼っていらっしゃるそうで、愛犬のフレンチブルドッグの男の子とシナモンを、ぜひお見合いさせたいとのこと。

大変、身に余る光栄……と同時に、ママはとっても恥ずかしい。

下品になるギリギリの手前のこの行為、私が教えたワケじゃあないのに、いつのまにやら熟年男性のあしらい方が上手になっている。

世の中にワンちゃん多しといえども、一国の大統領にマウンティングして怒られなかったのはうちの娘だけでしょう。

キラキラ大好き
アラ カワイイ顔 してんのね アンタ
M川さん
キレイ キレイ
キラキラ キラ キラ
いやん 何するのっ
スリスリ スリスリ
やめてー 紅白の お衣装 があ〜〜っ
ラメぼろぼろ

新居での日々

半年にも渡って二人で探し続けた部屋だ。気に入らないわけがない。

周囲は緑が多く、大きなお屋敷に囲まれている。

最寄りの駅までは徒歩十分。

そこまでの間、公園や老舗の商店街、いいにおいのするドーナツショップや中華料理店を通り抜け、駅前の大きなスーパーでお買い物。シナモンのお気に入りの散歩コースとなった。

肩にかけたかばんにチョコンとおさまっているシナモンを見て、お店の人も「可愛いですねェ」と目を細める。

二年間、シナモンのことを隠しとおしてきた冷や汗ものの日々が懐かしい。

引越した当初の話だが、ある日、出かける直前になってシナモンがそばにいないことに気づいた。

「シナちゃん、お出かけするわよー」

奥の部屋まで戻ってみるとそこには……キャリーバッグに入ってうずくまっているシナモンを発見。

出かける時は必ずそのバッグに隠してマンションを出入りしていた。その習慣から抜け切らないのだろう。

シナモンにとってそのバッグはドラえもんの「どこでもドア」と同じ。入ればどこかに連れて行ってもらえる。

そして出ると新しい世界が待っている！

でももう入る必要ないのよ、出てらっしゃい……。

それにしても、ちんまりとバッグに入ってお出かけを待っている娘のなんといじらしい姿よ。

かなりくたびれてはきたが、このシナモンバッグは今でも〝お忍び〟でペット不可の場所におじゃまする時などに役立っている。

風水を信じる私にとって、シナモンの食卓やトイレの場所も方角は大切だった。北や鬼門（北東）、裏鬼門（南西）のライン上に設置するのはもってのほか。シナモンの健康を考え、なおかつ見た目も悪くない場所にラッキーカラーのマットを敷き、食事とトイレの場所を作った。西のラッキーカラーは黄色、そしてベッドルームは東なので、こちらの水飲み場には赤のトレイを置いた。

シナモンは新居での日なたぼっこが大好き。部屋中の観葉植物の葉たちがすべて太陽を向いてすくすく育っているように、レースのカーテン越しに射し込む光に顔を向け、うっとり目をしばたかせている。

もうひとつ、最近私たちの間でマイブームとなっているのが「かくれんぼ」。シナモンにおやつを見せて、フセをさせて待たせる。その間、私は部屋のどこかに身を隠す。

ウォークイン・クローゼットの奥、キッチンの陰、背の高い観葉植物の裏……。

「シナちゃん、オッケ～イ！」

その声を合図に、ドドドドドッという足音をさせて、部屋中をお転婆《てんば》な少女探偵団の隊長のように捜しまわるシナモン。

いない、いない、いない……。

せっかくそばまできているのに「ここじゃない」と判断して他へトコトコ走って行く。頭のよいシナモンも、わりかしマヌケなところがある。

犬なんだからもっと鼻を使いなさいよ、鼻を。でも部屋中、私とシナモンのにおいで満ちているから難しいのかもしれない。

やっと私を見つけると、大ジャンプして喜ぶ。鬼の首でも取ったかのように得意げ。そしてご褒美におやつをあげる……それだけのシンプルな遊びだけれど、すごく面白い。

この遊びを思いついたのは公園をお散歩中のことだった。食い意地の張ったシナモンが、芝生に落ちてるパンかなにかのカケラ探しに夢中になっている時、そおっと木陰に身をひそめた。

「アレッ？　ママがいない」

あせって私を捜し始めるシナモン。

眉間（?）にシワを寄せ、相当パニくってる。

これがとっても可笑《おか》しかった。「かくれんぼ」はやめられない。

お掃除はやっかいだが、木のフローリングより絨毯《じゅうたん》のほうがシナモンの足腰のためにはよかった。胴の長いダックスにとって腰は命。ダックスのかかりやすい椎間板ヘルニアの防止のためにも、絨毯は体によいわけだ。

私が食事の用意をしている間など嬉しいとみて、コロコロ転がり、仰向けダンスを踊る。適度な摩擦で血行促進でもしているのだろうか。やはり相当ここの絨毯が気に入っているらしい。

部屋中どこでなにをしていてもシナモンはベッタリ離れない。

書斎で原稿を書いていれば膝の上で丸くなり、入浴中はバスマットの上であがるのを待っている。次第にシナモンが「私の一部」と化していくのがわかる。

そして日に日に増えていくシナモンの衣装……。

数えたことはないが、エルメスの大きなオレンジ色の箱二つにぎっしり詰まって、すでにはみ出しそう。今度引越す時はシナモン用のクローゼットが要るだろう。これは間違いない。

今はまだピカピカの〝シナモンと同い年のマンション〟だけれど、少しでも古さを感じるようになったら、シナモンも少しずつ老いているということなんだろう。

いつまでも娘にはピカピカでいてもらいたい。今日も私は新居を磨くように掃除する。そしてシナモンの歯磨きとブラッシングを欠かさないのでありました。

シナモン日記❹

あたらしいおうち

はーい！ シナモンです。

あるひのこと、ぜんぜんしらないおうちにつれてこられたら、ママがまっていました。そのおへやには、わたしのハートがたのベッドやソファ、わたしのにおいのするトイレなどがあって、びっくりです。

そうか、ママが「シナちゃんとママのおしろ、もうすぐあたらしくなるのよ」っていってたのは、このことだったんだってわかりました。

あたらしいおへやは、パタパタはしれる、ながーいろうかがあったりしてたのしいです。

あたらしいおふとんもじゅうたんもふかふか。

きんじょへのおかいものもたのしいよ。

たまに「ペットはごえんりょください」とかいわれるとママはしょんぼりしています。

でもちかくのスーパーならぜったいだいじょうぶ！ そこのおそうざいコーナーはいちばんのおきにいり。チキンのからあげやコロッケ……、いっつもいいにおいがします。

ママはおかいものにいくとき「おっかいもの♪ おっかいもの♪」とうたをうたうのですぐわかります。

きょうもなつばてぼうしにバッグにはいっておっかいもの、おっかいもの！

わたしのすきなササミもいっぱいかってね！

第8章 シナモンのお婿さん

花婿さん募集!

私はお見合いが嫌いだ。

ドラマチックであるべきはずの運命の人との出会いを、誰かにアレンジしてもらうなんて、まっぴらご免。

とはいえ、今までお見合いの経験がないわけではない。「素敵な人がいるから会ってみない?」と知人の紹介で出会い、おつき合いをした男性はいる。でも長続きはしない。

運命の人は自分の力で見つけ出さなきゃダメなのだ……とか強がりながら、いまだに独身の私。

せめて娘には素敵なお婿さんを探してあげたかった。

それは二〇〇二年一月から本格的に始まった。

「体重三・五キログラムくらいのカニヘン、またはミニチュア・ダックスの健康な男児求ム」

雑誌やHPにそう載せても、なかなか反響はなかった。

一カ月以上たっても一通の応募さえない。そんなにウチの娘、人気ないのォ？

やはり〝体重三・五キロ〟で皆ひっかかっているらしい。

それが証拠に世のミニチュア・ダックスの成犬のほとんどが五〜六キログラム。中にはお腹を地面にすりすりさせてるロースハム（失礼）みたいな子もいる。

一度知人から連絡をもらって「クリーム色のすごく可愛い男の子がいるらしいわ」と聞きウキウキしていたのだが、「ごめんなさい。ちゃんと確かめてみたら六キロ以上もあるらしいの」と再連絡が……。

カニヘン・ダックスというのはさらに小さな獲物を捕るために、ドイツで改良された通称ウサギ・ダックス。日本では生後一五カ月で胸囲三〇センチ以下、という規定があり、細くて小ぶりのシナモンでさえ胸囲三一センチなのだから、規定どおりのカニヘンの男の子だってそうそういるわきゃない。かといって太った男の子はちょっと……。

そんな時、舞い込んだ一通のFAX。

それは埼玉県越谷市のブリーダーさんのところに、シナモンにピッタリの小柄のダックス君がいるという北千束動物病院からの紹介状だった！

お見合い相手はクッキー君

小春日和のうららかな昼下がり。

私たち二人はコシガヤスズキというミニチュア・ダックス専門のブリーダーさん宅へ向かった。

その日は大安。絶好のお見合い日和。

シナモンはローズピンクのおリボンにピンクとグレイのボーダーTシャツ。おヒゲも綺麗にカットして、仕上げにオー・マイ・ドッグ（ワンちゃん専用オード・トワレ）をひと振り。

私はシャンハイ・タンのジーンズに卵色のカシミア・セーター。わが子の幸せを願う母の装いなのさ。

〝国道4号バイパス沿いの赤い屋根〟と聞いていた。

私のイメージしていたシナモンのお見合いにふさわしい場所は、たとえば澄んだ空気の下、瞳にまばゆいばかりの芝生がどこまでも広がる庭園。

そこで二匹が無邪気に駆けまわるうちに愛が芽生える……ようなかんじ。

でも実際にそこに到着してみると……バイパス沿いに臙脂《えんじ》色の屋根の、古い山小屋風の建物があり、中からにぎにぎしく犬の鳴き声が聞こえてきた。田舎の親戚宅の家畜小屋を彷彿させるにおい。そして芝生ではなく、アスファルトの庭。

少々とまどう私たちに……、

「まァまァ遠いところまでようこそ」

愛らしいパグちゃんのような奥さんが出ていらして「きゃあ可愛い子ねえ」と

シナモンを賞美してくださる。

「本当に小さいわねえ。じゃあまずカニヘンから見せましょうね」

なに？　カニヘンがいるの？

嬉しいナァ。それもチャンピオンだって！

シナモンといえば「なんでこんなとこに連れてきたのー」と不服そうな顔。他の犬たちのすさまじい鳴き声とにおいに圧倒されている。

おっ出てきた！

「クッキー君です」

毛の色はシナモンと同様レッドで、栗色にところどころ黒のさしが入った男の子らしい風貌。しっくい色の瞳もクリクリと愛らしく、ノーブルな鼻筋もなかなかのもの。

シナモンよりひとまわり大きいが、ひと目見て気に入ってしまった。

クッキー君も興奮気味。

（都会からマブイ娘がやってきたゼイ！）

尻尾フリフリ、いきなりシナモンのお尻にペロペロ攻撃。

さすが種オスだけあって、本能的にシナモンの、女としての魅力や価値を品定めてるよう。シナモンといえば「いやーん、なにするのヨ」と不安そうな表情で逃げまわっている。

クッキー君を抱きかかえると、見た目のガッチリした印象は薄れ、なるほど四キログラムぐらいの細さだな、と感心。普通の男の子はもっとずっしり重いのだ。

「じゃあ次にミニチュア・ダックスを見せますね」

ライバル登場
あら コンニチハ
Ⓚしまい
まあ、なんて かわいらしいの
まあ、イヌにも にんげんにも 美しいのと そーでないのが いるということ ですわね
負けないわ

そして出てくる出てくる……

クリントンにクラッカー。

それぞれの名前で呼ばれて出てきた男の子たちも、みんなチャンピオン犬らしく雄々しい。でもあまりにもがっしりした体型で、シナモンとはつり合わない。

やっぱりクッキー君がイイな！

「寒いから中へどうぞ」

今度はアフガンハウンドとチャウチャウ犬をミックスしたような風貌のご主人が登場。

シナモンとクッキーを抱いておうちの中へお邪魔した、とたん……

わんわんわんわんわんわん！

グォングォングォングォン！

ばうわうばうわう……！

一〇〇匹近いミニチュア・ダックスにお出迎えされ、目眩《めまい》を感じるくらいの衝撃だった。

みんなそれぞれのケージに入っていて、スムースからロング、大きいの小さいの可愛いの恐そうなのいろいろ。ぜーんぶミニチュア・ダックス！　一〇一匹わんちゃんのダックス版！

シナモンも啞然《あぜん》としたまま言葉が出ない。

でもクッキー君は私に大人しく抱かれ、悠然としている。

さすがショウドッグ！

こんな落ち着き払ったところも娘のお婿さんとして申し分ない。

よく見ると二人ともナニゲに寄り添ったりして、いいムード。

「お似合いいねえ」

と、ブリーダーの鈴木さんご夫婦。なんでもご主人は、この道ひと筋四〇年の大ベテランだった。

「こんなチビでも赤ちゃん産めますか？」

おずおず尋ねると

「ダックスは鼻がひゅん、と細いから比較的産まれやすいんだよ。どれどれ、いいもの見せてやろう」

そう言って一〇〇匹近いダックスのいる特別室（？）から、なにやら小さい小さい生き物を持ってきて私に持たせてくれた。

「三日前に生まれたばかりだよ」

ひぇーっ。

ちいちいと鳴くその生き物は、まるでネズミの赤ちゃん。目も開いていないし、数十グラムしかない儚《はかな》さ。頭はピンポン玉くらいしかない。

それにシナモンはぴくりと反応して、ふんふんとにおいをかいでいる。

あなた、赤ちゃんに興味持ったの？　あなたも生んでみるみる？

かくして最初の顔合わせは、つつがなく終わった。

そりゃシナモンにシーズンがやってきて、妊娠可能時期になってからお婿さん探しをして交配させてもいいけれど、そんな、イキナリ初対面で気持ちも通わぬうちに交配させられた娘はたまったもんじゃない。

せめて数回一緒に遊んだりお散歩したり、ある程度慣れたところで雄、雌として心も体も交わってくれたほうが親としても安心。

初めて出会った人といきなりベッド・インなんて、自分だって考えられないもん。

健康な雌犬のシーズン（生理）は年二回訪れる。その間なんと三週間あまり。ダラダラと出血が続くのです。

シーズン中の妊娠可能な日（排卵日）はほんの数日だから、絶対、逃さないようにしなくてはならない。

「二度くらいかけ合わせると確実だけれど、最初の精子とあとからやってきた精子がケンカすることもあるの。ウチでは一回しか交配させないんですよ」

と、奥さんの説明を受けた。

また、交配後二週間は微妙な時期だから、ソファから飛び降りたりしないようケージに入れて守ってあげなくちゃいけないそう。シナモンはジャンプが大好きなのに……。

なんか、いろいろ大変だナ。

ま、人間の場合は十月十日の妊娠期間も、ワンちゃんは約六十三日。出産して赤ちゃんが親元を離れ、ヨチヨチ歩くようになるまでやはり二カ月くらいかかる。私も数カ月、シナモンと赤ちゃんのために〝産休〟を取る覚悟だ。

大丈夫かなァ……。

自分に出産の経験がないだけに不安だらけだった。

五匹のイケメン君たち

それから数カ月後、シナモンの本格的なお見合い第二弾の日がやってきた。今度はＴＶ東京のペット情報番組「ポチたま」の特別企画。以前シナモンと出演した際に〝お婿さん募集〟をしたら、たくさんの応募があったそう。その中から選びぬかれた男の子たちとご対面するという胸躍る内容なのだ。

すごーいシナモン！　ママもほくほく気分。

本人はあまり乗り気じゃないのに親のほうが浮き足立ってしまうのは、人間の世界のことだけではないみたい。

今回のお見合いセレモニーは、世界最大級のチャペルを誇る（ホントかい？）千葉の結婚式場「玉姫殿」でとり行なわれた。

都内や近郊、遠くは大阪から、わざわざワンちゃんを連れてきてくださった人たち。

皆ドレスアップなさって、自慢のわが子をシナモンちゃんのお婿さんにぜひ、と張り切ってらっしゃる。息子クンたちにも可愛いトレーナーや紋付袴を着せて、気合いたっぷり。

三〇秒ピーアールのコーナーでは、シナモンの前で一芸を披露してもらうことに。ところが初めて見るシナモンに興味を示して、芸どころじゃない興奮気味のワンちゃんたちがほとんど。シナモンが気になって気になって、ご主人さまの命令なんかに耳を貸さない。

一人だけ、落ち着いた芸達者の男の子がいた。彼の名前はアスカ君。「タッチ！」の号令で、両手で私の手に触れてくれたり、「ジャンプ！」で椅子の上に飛び乗ってみせたり。

なかなかやるナーと思いきや、アスカ君はもう四歳。シナモンとは女子大生と中年オヤジのような組合せになってしまう。

あとはまだ一〇カ月のナンダロウ君（以前、お散歩中に会いました）、おっとりしたアスラン君、浪花っ子のリュウ君、そしてクリーム色の毛が魅力的なタラちゃん……。

それぞれ個性的で凛々しいイケメン君たちが勢ぞろい。シナモンも「私ってモテモテ」と上機嫌そうに見えた。ただ、難を言えば五人とも体重が理想をはるかに超えている。五〜六キログラムの超健康優良男児ばかり。

宴もたけなわ。ゲームや個人面接の後、五人をリードにつないで座らせ、最終的にシナモンが誰のところへ駆け寄って行くか、お婿さん候補が選ばれる運命の瞬間がやってきた。

「シナちゃん、一番好きな男の子だーれ？　あなたがちゃんと選ぶのよ、いいわね……、よーい、ドン！」

私のかけ声で芝生の庭園に放すと、シナモンはピューッと五人のもとへ駆け寄って行った。

美しい……。

映画のワンシーンのようだった。

シナモンが選んだお婿さん

最初はナンダロウ君のところへ行き、鼻でフンフンご挨拶。次にリュウ君のお尻をフンフン嗅《か》いで最終確認。シャイなタラちゃんが尻込みしたのを挑発するかのように「ワン！」とひと声。そして五人のイケメン君たちのまわりを目がまわりそうな勢いで駆け出した。

ぐるぐるぐるぐる……

な、なにをしてるのシナモン、迷ってるの？

でもシナモンは賢い。

本当に自分の置かれた立場がわかっているのだ。

それはそれはTV的に面白い光景だった。五人の求婚者たちを惑わす、お転婆《てんば》なお姫様みたいに走りまわり、カメラさんも彼女の動きをずっととらえていた。

ところが……。

さーーっ……血の気が引いていく私。

あっと驚く求婚者たちの親御さんたち。

頬を真っ赤に染める女性スタッフ。

そして全員大爆笑。

シナモンは立て膝座りのカメラさんのふくらはぎに乗ったかと思いきや、猛烈な勢いで腰を振りだしたのだ。

ウキキキキーッ！　私はこれが好き！

五人のイケメン君たちは、ただただ呆然と見守るばかり。

（ボクよりその足の人がいいの……？）

かくしてシナモン姫に求婚した王子たちは、姫のあまりの官能的でお下劣な動きに見とれながら、いつまでも言葉をなくし立ちすくんでいましたとさ。

シナモン日記❺
おみあい

はーい！ シナモンです。

きょうわたしははじめて「おみあい」をしました。

さいたまのほうに、わたしにおにあいのおとこのこがいるときいて、ママはあさから「いよいよ、シナちゃんのおむこさんになるかもしれないこにあいにいくのよ！」とそわそわ。ママがおみあいするんじゃないのにさ。

あかいおやねのおうちにつきました。

わんわんわんわんわん……！！！

すごいかずのわんちゃんたちがいました。

なかでもさいしょにしょうかいされたおとこのこが「クッキーくん」という、カニヘン・ダックスのチャンピオン。「シナちゃんにおめめがよくにてるわー！」とママはおおよろこび。

おへやでは、ちーちーないてるネズミみたいなこをみせてもらいました。なんでもみっかまえにうまれたばかりのダックスなんだって！ かわいい。ちいちゃなおもちゃみたい。

「かわいいあかちゃんがうまれたら、ふたりのなまえにちなんで、うちいわいはシナモンクッキーをやいてみんなにくばりましょう！」とママ。わたしはもっといろいろうわきして、さいあいのひとをみつけたいとおもいます。

このちきゅうのどこかにわたしだけのおうじさまがまっているようなきがするの。

もっともっと「おみあい」するよ。

第9章
赤ちゃんがほしい

貴公子ディップ君

「小さ～い、まだ赤ちゃんですか？」

お散歩中によく聞かれる。いえいえ、もう三歳の成犬ですよと答えると、「びええっ、ウチの子なんかまだ七カ月なのに倍はありますよ」と驚かれる。

もう日常茶飯事。年よりうんと若く見られる……私と同じ。

これが先日ネックになった。シナモンではなく、私の仕事上のこと。世界中で大ヒットしているミュージカルのオーディション。自分の女優人生で初めての大きなチャレンジだった。

劇団Sの総監督からコメントが発表された。

「川島さんは、歌は素敵でしたが、母親を演《や》るには若すぎるというイギリス人スタッフの判断でした」

でもそんなに若くないんだってば！

人間でいうと二十五、六歳の娘（シナちゃん）の母親ずーっとやってるんだし。

そういえば今年、香港で二十歳（！）に間違えられたっけ……さすがに「実年齢はその二倍にば〜い！」なんて言えなかったけど。

見た目が若いこと……時に私の仕事では、やりたい役もできない結果になってしまう。

落ち込んでいる私の気持ちを察してか、いつになくお茶目なシナモン。

バスルームから出てくると、わざとお腹を見せてでんぐり返ったポーズのままかたまっている。悔し涙が落ちる前にペロペロ顔中を舐《な》めまわしてくれる……ホント不思議な存在。

もうこの娘なしでは生きられない。

私がシナモンに子供を産んでほしいと思うのも、もしこの娘がいなくなったらどうしよう、万一のことでもあった時は……そんな危惧からかもしれない。

シナモンは家族以上の存在。もはや私の分身。

そんな彼女をいつの日か失ってしまうのが怖い。少しでもペットロスを軽減させるために出産させて、同じような可愛い子犬をそばにおいておかなければ不安。……でもこれってエゴ？　シナモン本人の意志を無視した、私の勝手なワガママなのだろうか？

交配させられるのを拒否しているかのように、シナモンのシーズンは遅れていた。その年の夏は猛暑つづき。静岡県のある村では三十九度を超える日もあった。

「この暑さじゃシナモンちゃんの生理も遅れて当然ですよ。日照量が微妙に影響するんです」と主治医の先生。

予定日は七月初旬。それからもう二カ月近く経とうとしていた。ワンちゃんの〝シーズン〟とは、生理がきて妊娠可能な日（排卵）を迎えること。

不思議なもので、生理が始まって十日も経つと、今までになく下半身のその部分が腫れあがり、熟れた小桃みたいな状態になる。なんでもない時はラッキョウみたいに小さいものが、だ。

そしていつでも雄犬を受け入れられる状態になっていく。動物の世界の神秘を感じずにはいられない。

過去に生理が順調だったシナモンのシーズン到来は、今までに何度となく見てきた。今度のシーズンでは、いよいよ交配させるつもりだ。

難航していたお婿さん探しだが、ある日素晴らしい男の子と出会い、心は決まっていた。

彼の名前はディップ君。もうすぐ二歳のカニヘン・ダックス。

さいたま市のブリーダーさん宅に住む秘蔵っ子。生後まもなくショウドッグとして活躍し、ＪＫＣ（ジャパン・ケンネルクラブ）のカニヘン部門で堂々チャンピオンに輝き続けている男の子だ。

きっかけは「愛犬の友」という雑誌の取材を受け、本をパラパラめくっていた時のこと。クリクリお目々がシナモンそっくりの、あるカニヘン・ダックスの写真が目にとまった。

いざという時の行動力には時々自分でも感心することがある。数週間後にはそのブリーダーさん宅を訪ね、シナモンとお見合いさせていた。

「カッワイ〜〜イ！」

ディップ君を初めて見て、私はひと目惚れしてしまった。

お見合いはもう今回で三度目の私達は目もかなり肥えている。毛並みとルックスの良さ。そしてその小ささと軽さ……シナモンと同じ二・八キログラムほどしかない。

これぞ私が長年探し求めていた、小ぶりで元気な男の子！

ブリーダーの後藤さん宅では他にもダックスをかかえていたが、ディップ君が一番の貴公子だ。ダックス界のデイヴィッド・ベッカムとも呼びたい。そのくらい男前。

この子もやはり種オスだけあって情熱的だ。シナモンは逃げまわっていたが、まんざらでもなさそう。

とその時、後藤さんがハサミを持って立ち上がった。

「暑いし、耳がムレないようにちょっとカットしてあげようね」

シナモンをお立ち台に乗せると、耳の後ろのクリクリッとカールした自慢の飾り毛をブツッとカット。

あぁぁぁ――――――――――っっっ。

ザクザクッ。

「出産したあと、赤ちゃんの唾液でどうせ毛玉になっちゃうからね」

まだ出産するって決まったワケじゃないのにぃぃっ。

両方の耳の毛がカットされ、無残にも床にはらはらと落ちた。

「やめてくださいませ――――っ」

心の中では叫んでいたが、ご好意でやってくださるのを止められなかった。

それよりなにより、この縁談がおジャンになってしまっては困る。ここはガマンしなくては……。

シナモンといえば、床屋さんで髪を切りすぎた子供のように情けない顔をしている。せっかくのチャームポイントだった女の命をごっそり切られてしまったのだ。

反対にディップ君は、さらーっと伸びた艶やかな飾り毛を優雅にたなびかせている。

「また伸びますよね、シナちゃんの毛？」

破談にならないよう、それ以上は言えず、ただただ泣きそうに佇《たたず》む私だった。

お輿入れ

予定より約二カ月遅れで、やっとシナモンのシーズンが始まった。病院でスメア検査（排卵日を調べるもの）もすませ、いよいよお嫁入り。

「今日からしばらくディップ君のお家にお泊まりするのよ」

シナモンのお気に入りの枕。私のにおいのついていそうなバスタオル。ごはんにおやつにディップ君へのお土産……。まるで修学旅行に出かける娘を送り出す気分。

外環道を川口西インターで降りて後藤さん宅へ。

着く直前に、シナモンにウエディングドレスを着せた。ふんわり砂糖菓子のようなレースと白バラの総飾り。これはヘアメイクの鈴木さんが夜なべして作ってくれた力作。世界でたった一着のドレスだった。

「よく似合うわよ」

さっきからソワソワ落ち着かないシナモン。ドレスを着せると、なぜか急に大人しくなった。まるで真っ白い綿あめに包まれたみたいで満足そう。

さいたま市内の住宅街で、いよいよ初夜を迎える。

お出迎えしてくれた後藤家の皆さんに、開口一番聞いた。

「ディップ君は元気ですかー？」

「元気すぎて、もてあましていますよ」

「キャー、可愛い！」

ウエディングドレスは大ウケだ。

発情したシナモンのにおいを嗅《か》ぎつけたディップ君は大興奮！　いきなりシナモンに乗っかる。

すごい……シナモンは嫌がらない。

尻尾を片方に寄せて小さなお尻をちょこんと突き出し、大人しく受け入れようとしている。ママはびっくり。助けを求めにくると思っていたのに。

「あのォ……もうしちゃうんですか？」

「いやいや、こんなんではできませんよ」

フライング気味のディップ君を余裕の表情で引き離す後藤さん。

シナモンの陰部に手を当てて「うーん、まだ少し芯がありますね。排卵すると、もっと柔らかくなるんですよ」

果実の熟れ頃をチェックするかのような口ぶり。専門家に任せると本当に心強い。素人同士がお見合いさせても、子供はつかないケースが多いのもうなずける。

しばし雑談後、「一回かけ合わせてみましょうか？」と後藤さん。

「あ、ハイ、よろしくお願いします」

フローリングのリビングに、滑り止めのマットを敷き始めた。

「えっ、ここでさせるんですか？」

「どこでもできますよ」

「で、でも未成年の娘さんたちが……」

「アハハハハ、この娘ら、いっつも見てるから」

「わ、わたくしも見てていいんですか？」

「そのほうが安心でしょう」

「はァ、でも……」

シナモンは私に助けを求めにきてしまうだろう。甘えが出るに違いない。どうしよう……。とくに怖がる様子もなく堂々としているシナモンとは反対に、ドキドキしているのは私のほうだった。

だって初体験なんだもん！

後藤さんがシナモンを軽く押さえ込むと、ディップ君はすかさず乗っかり、腰を振り始める。片方の手でディップ君の下半身を補助する後藤さん。

なんだかナー。普通セックスって秘め事でしょ。どうしてこんな煌々《こうこう》と明るいライトのもと、みんなに囲まれてしなくちゃいけないの？

「ちょっとこれじゃあ、入りませんねえ」と後藤さん。

相性悪いってコト？

「シナモンちゃんの産道は小さいですねェ。それに比べて今のディップは興奮しすぎで、ちょっと入りにくい状態です」

うっ、サイズが合わないのネ、人間にも体の相性があるように……？

「もっと落ち着かせてから再挑戦しましょう」

そのほうがよさそうだ。

「ごめんねシナモン、がんばって……」

私は断腸の思いで娘に背を向け、後藤家をあとにした。

その翌々日、シナモンの様子を見に再びさいたまへ。

「ママーーーーッ」

喜び飛び跳ねまわるシナちゃん。

そんなに暴れたら、せっかくの受精卵が……！

それにしてもディップ君とは、新婚旅行先でイチャつくカップルみたいに仲がよい。挙句の果てはディップ君の上に乗っかって腰を振り出すシナモン。

おいおい、逆でしょーが！

「二回とも人工交配でした。一瞬入るんですが、痛がって逃げちゃうんですよね」

カテーテルを使っての人工授精に終わったと報告を受ける。

そんなに小さな産道で痛がりで……ホントに赤ちゃん産めるんだろうか？　帝王切開なんてことになったら……。

後藤さんに『繁殖読本』をお借りして帰京。

シナモンが淋しそうな素振りを見せなかったのが不思議だ。

よその家とはいえ、愛しのダーリンがそばにいてよく遊べて新妻気分を満喫しているのかもしれない。

次の日、番組の撮りを終え、深夜シナモンを迎えに後藤さん宅へ。

何事もなかったように尻尾を振り振り現れたシナモン。

「また人工交配でしたか」

「ええ、ディップのものがシナちゃんには大きすぎるんですね」

あらま、体は小さいクセに……。

そこへディップ君登場。この四日間のおつとめを終えて、ちょっとくたびれ気味かな？

シナモンが大喜びでディップ君の上に乗り、また恥ずかしい行為を始めた。

「シナモンちゃんが男の子だったらよかったのに」

そんな〜。

いつまでも後藤家の皆さんにお世話になるわけにはいかない。

ずいぶん慣れ親しんだ様子で帰りたがらないシナモンを、ムンズとつかんで車に乗せる。

「もう帰っちゃうのー？」

なんだか不服そうなシナモンだった。


今日は「ハナデカペット」の撮影。

魚眼レンズで鼻が誇張されたシナモンを見るのは初めて。思わず笑ってしまう。

「こんなに撮りやすい子は初めてですよ」

躾《しつけ》がよいとカメラマンの森田氏にも絶賛される。でも、交配後まもないというのにスタジオ中はしゃぎまわるから気が気でない。

案の定、帰宅した夜、嘔吐と下痢を繰り返した。やはり交配後の外出は体にこたえたのだろうか。見えないストレスを抱えているに違いない。

「ごめんねシナモン」――お腹をさすり、翌朝までずっと看病した。

今後しばらくは安静にさせよう。

約一カ月後に、妊娠反応を見る検査を控えていた。

ドキドキ……。

胎教

その日私は動物病院の診察室で、そわそわしながら順番を待っていた。

お医者ぎらいのシナモンは一刻も早く帰りたくてそわそわ。

私はいよいよ妊娠検査とあってそわそわ。ペット雑誌をウワの空でめくっては閉じることの繰り返し。

この落ち着きのない親子に、マルチーズを抱いたマダムが話しかける。

「小さくて可愛いわねぇ。お坊ちゃん？　お嬢ちゃん？」

「娘です」

「どこがお悪いの？」

「いえ……ちょっと検査です」

普段なら見知らぬ人とも愛犬自慢やワンちゃん談議に花咲かせるのだが、不安でそんな気分になれない。

なにせ今日が運命の別れ目なのだ。

できているか、できていないか……、答えは二つに一つしかなかった。

先週ニューヨークに滞在中だった私は、妊娠しているかもしれないわが娘をスタッフに預かってもらっていた。

国際電話で「どお？　悪阻《つわり》が始まった？　食欲は減っていない？」とおめでたの兆しを毎日のように確かめてみるも「ぜーんぜん。相変わらず食欲モリモリ、元気に飛び跳ねてるヨ」とのこと。

帰国後ひさしぶりに会っても、体重は増加どころか百グラムも減っていた。

こりゃ駄目かも……。

半分あきらめモードに入っていく。とその時、

「川島シナモンちゃーん」

看護婦さんに名前を呼ばれた。ピューッと出口のほうへ逃げて行くシナモン。

「痛くないのよ、お腹見てもらうだけだから」

強制的にシナモンを診察台へ。

「さあ、楽しみですねェ」

期待に目を輝かせながら先生はシナモンのお腹にゼリーを塗る。そしてエコー検査が始まった。

暗闇にぼんやり映しだされるシナモンのお腹の様子。複雑な灰色の映像からはなにがどうなっているのやらさっぱりわからない。

とその時……、先生が笑顔で振り返った。

「おめでとうございます」

「えええええっ、やったーーーーーー!!」

思わずジャンプしてガッツポーズ。

金メダルでゴールインした高橋尚子選手バリの晴れがましいポーズで決めたつもり。

シナモンは大人しくしていたが「ん?」とこちらを振り返る。

(ママなにそんなにはしゃいでるの?)

「でも……アレアレ？」

「な、なんですか？」

「うーん、今のところ赤ちゃんは」

「赤ちゃんは？」

「一匹だけですねえ」

「一匹だけ？」

超音波のぼんやりした映像の中に、シナモンの瞳のようなアーモンド型の黒い影が一粒だけ確認できた。

「これ、この黒い小さな影……。これが普通ですと、四個も五個も出るんですがねえ」

いろいろな角度からお腹の様子を探る先生。

「やはり一匹だけですねえ。でも人工授精でよく一匹だけでもつきましたよ。本当によかったですね」

「ありがとうございます！」

天にも昇る気持ちとはこのことか。

妊娠した女性の気持ちが初めてわかった気になる。

(どうやって夫に伝えようかしら、ルンルン)

でも妊娠したのは私じゃなかった。

「まだ小さいので心拍が確認できていません。念のため来週もう一度いらしてください」

は~い。ルンルン。

シナモンと手に手を取り、病院の階段をスキップで駆け降りた。


それにしてもなんと人間的なわが娘よ。表情も性格も人間みたいなところがあると思っていたら妊娠の仕方まで……。犬は多産というが、人の赤ちゃんのようにたった一匹しかできていないなんて。

それでも嬉しくて嬉しくて片っぱしからTEL。

手放しに喜んでばかりはいられない。今後はよりいっそう、シナモンの体に気づかってあげなくては……。安産の神様にお参りに行こうと思ってた矢先、大阪のファンの方から安産のお守りが届いた。

後醍醐天皇の中宮御懐妊以来、明治天皇、皇太后陛下、皇后陛下とずっと安産の御腹帯を献上しているという由緒正しい観音様のお守りだった。

シナモン、君も巻くか腹帯？

お守りについていた「御妊娠中の心得」という小冊子には〝妊婦の心の持ち方〟がていねいに書かれていた。

一、昇る朝日を大きい心を持って見ましょう。心の広い大きな子供ができます。

一、満点に輝く美しい星空を仰ぎましょう。美しい心の子供ができます。

一、野の花の可憐さを感じましょう。必ず胎児もその可憐さ美しさを感じてくれます。

などなど、心の洗われるような教えが説かれていた。

また、「火事、変死体など悲惨なものは見てはなりません」「不浄の地、競馬やパチンコ、卑俗な映画館には足を入れてはなりません」など修道院の規則のごとく大マジメに書かれていて笑ってしまった。

行くか、パチンコ！

要は、妊婦さんは大らかな清い心を持ち、清潔な環境で健全に過ごしましょうってことだ。大丈夫よねーっ、シナモン？

そうだ。もう胎教は始まっていた。

これからはシナモンのお腹に宿った命にも優しく話しかけ、一緒によい音楽や風の香りや美しい季節のうつろいを感じて、毎日健やかに過ごさなくては。

出産後は子育ても待っている。あらためて『子犬の育て方』『ミニチュア・ダックスフントのすべて』などハウトゥー本を繰り返し読んだ。

そしてシナモンが落ち着けそうな新しいハウスの他、赤ちゃん用のケージや犬用ミルクを買い、出産に向けての準備を着々と進めていた。

毎朝二人でテラスに出ては秋風のにおいをかぎ、昼は日なたぼっこにつき合った。そして夜は星空にお祈りする。

（どうか元気な赤ちゃんが産まれますように）

何種類も名前を用意していた。サフランちゃん、パプリカちゃん、ナツメグちゃん。セージ君にミント君……。母子ともに健康なら男女どちらでもいい。

シナモンも日に日にしっとりと落ち着いていき、母の顔を垣間見るような気がする。シナモンはヤンママに、そして私はとうとうグランマになる日が近づいていた。

どっちのせい!?
ゆうべはふたりともついつい食べすぎた・・・
おそる、おそる・・・
ゲッやっぱ。
46.5
アタシじゃない
ママだよ

まぼろしの妊娠

いよいよ二度目のエコー検査。

胎児の黒い影が二つ三つ増えていたりして？

「さあ、シナモンちゃん。お腹見てみようね」

先生もわがことのように楽しみにしてくれている様子。

「おっぱいがピンク色に張ってきていますねえ」

と笑顔の先生。確かに先週にくらべて桜色にふっくら大きくなっていた。おっぱい六つ、五分咲きといったところか。

大人しく診察台で検査を受ける妊婦シナモン。

「うん？……」

その時だ。先生の表情が固まった。

思わず超音波の映像に釘づけになる私。

静かな重い空気が流れていた。

どうしたんだろう……。

先生も看護婦さんもシナモンも、しばし無言。

なにかを必死で捜すような先生の手だけがゆっくり動いていた。

どういうこと？　嗚呼《ああ》、神サマ……。

「残念ですが……」

わが耳を疑う。ザンネンって？

「もう見えないんですよ、先日ここにはっきりあった黒い小さな玉が」

もう一度確かめる先生。

「うーん、やっぱり消えちゃっていますねえ。せっかく着床して受精卵が一つだけあったんですが」

「どこへ行ったんですか、その卵？」

「シナモンちゃんの体に吸収されてしまったようです」

「そんな……」

ガックリ椅子に腰を落としたまま、身動きできない。全身が鉛の塊にでもなったような感覚だ。

「あの時点で、受精卵の心拍が確認できていなかったので今回再検査になったんですが、もともと、死んでいたのかもしれません。人工交配の場合だとやはり弱かったんですね」

重い口ぶりで話す先生の声が、希望にふくらんでいた心を打ち砕いていく。

「フヮ〜ッ」

その時だ。シナモンが大きなアクビをひとつした。

これっ、なんだその余裕は？　不届き者め！　こっちは泣きそーなんだからっ。手だってプルプル震えてるんだゾ。抱っこしたら落っことしちゃうかもヨ。わからないのこの気持ち!?

「シナモンちゃんの発情ぶりは素晴らしく、私は絶対うまくいくと思ったんですがね」

スメア検査の時、お尻をトントンとたたくと、それに答えるように尻尾を曲げてポーズを取ったそう。そういうワンちゃんは受胎しやすいから安心していたと先生はおっしゃるのだ。

「でもまあ次がありますから。やはり人工交配でなく結ばれたほうが確実です。今度は選り好みをせず、種づけ上手の男の子にしましょう」

そんなー。

私もシナモンもディップ君が好きなのに。でも、血統の良いチャンピオン犬だからといって、種オスとしても優秀とは限らないというのだ。

やはりそんなに簡単なものではなかった……。

ガックリ肩を落とす猫背の私とは裏腹に、「おわったーっ」と尻尾をフリフリ病院の階段を降りて行くシナモン。危ないよ……思わず抱っこしようとしたが、もうお腹に命のひとかけらも宿っていないことがわかると差しのべた手も引っ込んでしまう。

少々暴れても、もうなにも心配する必要がないなんてつらすぎる。

誤診であってくれたらどんなにいいだろう。

先生に「今日だけ見えないというだけで、また再々検査をしたらできていたってことは？」と聞くも、「百パーセントありえません」とすまなそうに言われてしまった。意味もなくピンクに色づいた張り気味のオッパイが悲しい。くったくのないその姿が不憫でならなかった。

（ママなにしょげてるの？　げんきだしなよ）

何事もなかったように瞳を輝かすシナモン。

ブリーダーの後藤さんも、さぞ落胆なさるだろう。

でも一刻も早く報告したい……。

この失望を分け合うことで、少しでも悲しみから逃れたかった。

シナモン日記❻

あかちゃん

はーい！ シナモンです。

きょう、にどめのけんさでびょういんにいってきました。

ママはにこにこしながら「あかちゃん、どうなってるかたのしみね」っていいました。

せんせいもにこにこしながら「おっぱいがはってきましたね」といいました。

おなかにゼリーをぬられてきかいをあてられました。

ママもせんせいもモニターにくぎづけ。

「ん??」とせんせい。

「どうですか?」とママ。

でもせんせいはウーンとうなったままくびをかしげるだけ。

「ざんねんですが……」

ママはこおりつきます。

「せんしゅうみえていたじゅせいらんがなくなっています。あのじてんでしんぱくおんもきこえていなかったのでさいけんさしてみたのですが……まことにざんねんながら」

「あのじゅせいらんはどこへきえたんですか??」

ママはなきそう。

「そだたなくてきゅうしゅうされたとおもわれます」

……!!!!! ママはぜっく。

だいじょうぶだよー。わたしはまだママをどくせんしていたいの、わかって。わたしがいればいいじゃんママ！

第10章
やっぱりいぬラヴ

三歳のバースディ

ここ一カ月、体重増加や悪阻《つわり》も見られなかったのもうなずける。

小さな命を吸収してしまったシナモンは、ふっ切れたかのようにお転婆《てんば》ぶりを取り戻した。

もう飽きたと思っていたオモチャにも、再び興味を示しよく遊ぶ。子犬時代のようにヤンチャでくったくがない。

赤ちゃん返り？……まさかね。

私を元気づけようと無邪気に振舞っているに違いない。今回は出産できなかったけれど、シナモン自身が母になることをまだ望んでいなかった結果なのだろう。

赤ちゃんなんかできたら、シナモンだって私を百パーセント独占できなくなり、イジケてしまうかもしれない。

当分、今までどおり二人だけの生活でいいな……そう思えるようになった。

十一月十九日、シナモンは満三歳のお誕生日を迎えた。

恒例のバースディパーティーには前にも増してたくさんの友人やスタッフが集まってくれ、妹のジャスミンや他のワンコたちも大集結。なんともニギニギしい。

三歳ともなるとさすがに大人だ。大はしゃぎするチビワンコたちをたしなめたり無視したり「わたしはオトナよ」てな顔でおすましている。

お誕生日ケーキには、もちろんロウソクが三本。デコズ・ドッグカフェで焼いてもらったそのシフォンケーキはドッグたちの間でも大人気。トッピングのヨーグルトクリームがたまらないらしい。私にはさっぱりすぎる味だが、シナモンは二ピースも食べた。

誕生日に先がけ、いただいたプレゼントの中に犬語翻訳機「バウリンガル」があった。

初めは「そんなものナンセンス！　シナモンの心は私が一番わかってるもの。

シナモン語を訳すのに機械なんて要らないわい！」とタカくくっていたのだが、使ってみるとこいつがなかなかの優れ物だということが判明した。

ある日、私が車中で捜し物をしていた時のこと。

「アレ、鍵どこへしまったっけ？　ない……ない……」

必死で捜していたその時、バウリンガルの受信機が反応。

見てみるとなんと……

「わたしになにかできることなーい？」

ですって!!

んまァ、なんて優しい娘なの！

ワンともスンとも言わなかったのに、首につけた機械が微妙な喉の震えをキャッチしたのだろうか。

これをきっかけにハマり、折あるごとにシナモン語をバウリンガルに訳してもらった。面白いことに不愉快な時ほど反応する。

「ブースカブンのブンブン」

「やる気なの?」

「かかってこいよ」

「あなたツヨイ?　わたしツヨイよ」

とまあ、彼女は常に怒っているのだ。

尻尾をフリフリ喜んでいる時でさえ、

「ブチッ!」

あまりの嬉しさで、バウリンガルにも訳しきれないくらいなのかもしれないが。

犬嫌いのおじいちゃん

ペット可のマンションに越してから十カ月ほど経とうとしていた。

ワンコ同伴ＯＫのレストランは広尾や代官山などに多いのだが、私の家の近所はまだまだ厳しそうだった。

近所のレストランでお店の人と親しくなった頃、

「あのォ、今度ムスメを連れてきてもいいですか？」

とおずおず尋ねる。

「ええっ、川島さん、お子さんがいたんですか!?」

と一瞬動揺する皆さんに、

「この娘なんですけどね」

と写真を見せると

「ナーンだ」

とがっかりした様子。

「犬は他のお客様が……」

予想はしていたけれど、私は落胆する。

それでもメゲずにお散歩途中レストランに立ち寄り、まかないのカレーを食べている仕事前のシェフたちのところへお邪魔する。

「こんにちはー。うちの娘ですぅ」

すると女性スタッフから歓声が。

「きゃあ。可愛い！」

「小っちゃーい」

そうなの。うちの娘小っちゃくて、大人しいの。だから連れていてもいいでしょ？

そう無言の圧力をあくまでも優しく与え、

「それではごきげんよう。ホホホ」

と立ち去る。

地道な努力は続き、ことあるごとに「こんにちはー」と準備中の店の前を二人で通り、「お利口さんねえ」とお店スタッフの気を引く。

そしてやっと

「ま、シナモンちゃんなら大人しいしOKですよ。ただし他のお客様が少ない時にしてくださいね」

とオーナーシェフの了解を得るまでに至るのだ。半年はかかったけれど、努力のカイ（?）ありました。こうやって、私たちの「いぬラヴ・レストラン」は増えていく。それにしてもネコかぶって大人しそうにしてるシナモンもエラかった。

でも世の中そんなに甘くない。

シナモンが原因で見ず知らずの人と衝突してしまうことだってあるのだ。

お茶の師匠の山荘がある山中湖を訪れた時のこと。

静かな山道は小鳥の囀《さえず》りの他はなにも聞こえない。時おりチリンチリンと地元の人の自転車が通るだけで、車の気配はほとんどない緑の中だった。

リードをはずして自由に山道を闊歩するシナモンも嬉しそう。尻尾をフリフリ、木漏れ日の中を散策する姿はまるで森の妖精。……とそこへ、白いTシャツに短パン姿の初老のおじいちゃまが現れた。

白髪におヒゲをたくわえた、オフタイムのサンタクロースといったかんじ。

ウォーキングを楽しんでいる別荘族だろう……いかにも自分の庭だという風情で威圧的に歩いている。そしてズンズンと歩を進め、私たちの前に立ちはだかった。

「コラ。あんた、駄目だよ、犬にはツナをつけなきゃ」
ツ、ツナ？
その時だ。さっきまで我関せずだったシナモンがご挨拶程度に「わわわわん！」と吠えた。その声に「うわぉっ」と驚くおじいちゃん。

ごめんなさーい。

「じ、事故が多いんだよ最近。野犬が人を襲う事件が多発してるんだ。あんたそんなことも知らんのかね！」

「そんな……でもこの娘は人を噛んだりしませんよ」

そう言って抱き上げたシナモンを「ホラ」とおじいちゃんに近づけた。

「うわぉっ！」

またもや過剰に飛び上がるサンタのおじいちゃん。

「わしゃ犬に噛まれたことがあるんだよっ！　あんたらみたいなマナーの悪い飼い主のせいでね。ツナをつけろツナを！」

ものすごい剣幕でまくしたてる。

サンタが白いハイソックスを下げると、噛まれた跡らしい傷が現れた。確かに悲惨さを物語る大きな傷跡だ。お気の毒。

でもなにもそんな言い方しなくても……。

「おじさんが怖がるからワンちゃんもよけい威嚇するんですよ」

「わしゃ犬は大っ嫌いじゃ」

「だから犬に嫌われるんだって」

「早くツナつけろ」

「今は持ってません」

「法律で決まってんじゃ、はよ失せろ！」

最後は赤鬼のような形相で森の中を駆けて行ってしまった。

なんというガンコじじい！　いつ誰がそんな法律作ったんじゃい、え!?

なんにも悪いことしていないのに……。

シャワーのようにふり注ぐ日射しの中、私たち二人は唖然と立ちすくんでいた。

愛して、愛して、癒されて

山中湖の件にとどまらない。

私の通うワインサロンの先生や生徒さんたちは、シナモンをいつも歓迎してくださる。

フランス語の授業にもシナモン同伴で出席し、和やかな雰囲気で勉強していた。ところが臨時クラスの生徒さん（やはり中年男性）でシナモンをよく思わない人がいて「学校に犬を連れてくるとはなにごとだ」と、ひと悶着あったらしい。飼主が私だと判明したとたん「芸能人だけ特別待遇なのか」と詰め寄り、事務局のスタッフをあわてさせたとか……。

これは本当に申し訳なく思う。

百人中百人が犬好きで、シナモンを可愛いと思ってくれるとは限らないのだ。禁煙の文字がなくても一応「吸っていいですか？」のひとことがマナーとして当然なように、「ワンちゃん、よろしいかしら？」のひとことが大切なのだと痛感。

もちろんわかっちゃいたんですけどネ。

こんなに小さくて無害なシナモンだから大丈夫……と勝手に信じていた私がいけないと、大いに反省した。賢いシナモンはそういう場合、自分の立場をなんとなくわきまえるから感心する。

「シナちゃんはお留守番」

そう言うとあきらめたように大人しくドライバーさんに抱っこされ、車中で待っていてくれる。

そして二、三時間して車に戻ると、天井に頭をぶつけそうなくらいジャンプし、おまけにウレション（嬉しい時のおもらし）をしながら「お帰りなさい」を表現するのだ。

三分離れていたら三分ぶんの……そして三時間離れていたら三時間ぶんの「会いたかった」を全身で表わしてくれる。尻尾は口以上に物を言い、瞳はどんな宝石よりも輝く。

三日も会えなかったら、再会した日は一晩中ディープキスから逃れられない。

私たちって異常な親子？

世の中には犬嫌いな人もいて当然だが、街をお散歩中はそんなことを忘れてしまう。イカツい表情の警備員さん。きっと「フン、犬か」みたいにあしらわれると思いきや、シナモンを発見するやいなや、ニコッと柔らかな笑みがこぼれる。

北風の冷たさのあまり、眉間に皺を寄せた中年女性。これ以上はないというくらい厳しいお顔。でも前からテクテクやってくる小さいシナモンを見て、雪解け後のように柔らかな笑顔に一変する。

こうして道行く人々を皆、和ませるシナモン。

その自分の才能に全く気づいていないところがまたおかしい。

週末の買い物客で混み合う原宿をお散歩すると「キャー可愛いー」という声を何度聞くだろう。十メートルも歩けば五、六回聞く。皆に幸せをふりまき、存在そのものが世の役に立っているのだ。（親バカ百二十パーセント、はいってます）

動物などを見て「可愛いナ」と感じた瞬間、「エンドルフィン」という癒し系のホルモンが発生し、心や体に沈静効果をもたらすことは前章でも書いた。

その「癒し」について最近感じることがある。

真のヒーリングとは安定や安らぎだけじゃだめなのだ。時にはピリリとした刺激がなくてはダメ。両方あってこそはじめて癒されるのだと思う。

無防備に寝息をたてている天使のようなシナモンの寝顔を見て、思わず顔がゆるむ。でも時々ハッとするような新鮮さ、「えー信じられない」などといった発見もある。安らぎと刺激、大きく分けてこの二つの要素に満ち満ちているのが「いぬラヴ生活」。そこには真の癒しが存在する。

ワンワンワイン

「もしもし？　シナちゃん？　ママよー。ごはん食べたー？　いい子いい子してるー？」

ロケ先の海外から毎日のように国際電話。

受話器からは、クシャクシャ……といった雑音がするだけだが、預かっている母に言わせると〝受話器をペロペロ舐《な》めている〟のだそう。

TV電話じゃないので見たことはないが、私の声だけにはどんな時も反応してくれるらしい。

空港のラウンジやロケバスの中で「ママよー、シナちゃん元気?」とやっている私を見て、他の共演者の方から「あなたも相当な親バカねえ」とお誉め(?)の言葉をいただいた。

そういうその方だって、お財布の中にはお札より愛犬の写真がたくさん入っていた。

同業者でも愛犬家同士だと、すぐにうちとけ、撮影もスムーズに進む。

小さなお子さんを持つ俳優さんの〝ウチの子自慢〟や子育て話にも、興味を持って耳を傾けるようになった。人の子を育てることとなんら差はないので参考になる。

私にとって人間の娘同然だから当然だが、こんな私に誰がした?

よく取材などで聞かれる「川島さんの健康と美容の秘訣は?」という問いに、三年前の私なら「ワイン」と答えていただろう。

今はそれのみならず。

私の心にハリを持たせ、生活にイキイキと輝きを与え続けてくれるのはシナモンに他ならない。美の秘訣はワインとワンコ。ワンワンワイン。

ワインの百倍以上のポリフェノール効果（抗酸化と悪玉コレステロール値を下げる）がある……というのは嘘だけど、それくらい美容と健康に役立っているのかもしれない。

犬は見返りを要求しない。

人を裏切らない。嘘もつかない。

「誰と会ってたんだよ」

「こんな遅くまでどこ行ってたんだよ」

なんてメメしいことも聞かない。

寿命は人の四分の一に満たない。だから一日一日を凝縮して生きている。

のんびり昼寝ばかりしていても、彼らにとっては濃厚で大切なひと時。

一見華やかに見える女優業も、本当はとても孤独なもの。

シナモンと出会わなかったら、私はどんな人生を送っていたのだろう。

きっと、ストレスのたまる乾いた生活だったかもしれない。

今は独身生活の孤独なんて微塵《みじん》も感じない「いぬラヴ生活」。これは飽きることがない。ワインよりいい気持ちになれる。そのほろ酔いは、いつまでも心地よく持続し、楽しさは熟成する。三年前にはこんな自分を誰が想像しただろうか。

これからも無償の愛に満ちた「シナモンのいる生活」をずっとずっと続けていきたい。なんでも中途半端なことができないタチの私。どうせ親《いぬ》バカなら宇宙一を目指します。

お互いを必要以上に必要とする私たちは、なんて幸せな親子だろう。

「いぬラヴ・シングルライフ」

安らぎと刺激と愛がいっぱいで……悪くないもんですヨ。

FIN.

なお美コラム④

平成の犬公《く》方《ぼう》女優

「生類あわれみの令」

一、イヌイヌ言うべからず
イヌのことをイヌだからといってイヌイヌ言うべからず。
「ワンちゃん」「ワンコ」と親しみを込めた総称をよしとする。

二、食事をエサと言うべからず
ドッグフードのパッケージに「イヌのエサ」などと記したものはない。
「朝ごはん」「おやつ」「ディナー」と表現するがよし。

三、クサリ、綱と言うべからず
「クサリをつける」「綱で引く」などもってのほか。正しくは「リードでお散歩」

四、オリと言うべからず
ワンコのハウスを「オリ」と言うべからず。「ゲージ（gage）」も間違い。
正しくは「ケージ（cage）」。

五、繁殖などと言うべからず
出産のためにはちゃんとお見合いの手順をふまえ結婚。
ワンコたちの気持ちを重視するのが平成の犬公方。

六、ワンコには有毒なもの

ワンコに絶対食べさせてはならぬもの。
玉ねぎ、ねぎ、にら、にんにく、チョコレート。エビ、イカ、タコ、アワビ。
トマトのヘタも有害。ワンコ用のハンバーグはもちろん玉ねぎヌキ。

七、香り高きこれらの話題

人前で「オシッコ」「ウンチ」と表現するのがはばかられる場合、
フランス語で「ピッピ」「カッカ」と表現するといと奥ゆかし。

「究極の親《いぬ》バカ三原則」

一、ワンコ用に、ミンク、チンチラなど毛皮のコートをつくる。

二、ワンコの名前で預金通帳をつくる。

三、二重まぶたにするなどプチ整形を施す。

自称、宇宙イチの親《いぬ》バカ川島も、以上の三つ（→）はさすがにできない……。

愛しのシナモンへ

二人で一緒に暮らすようになってから、もう三年になるのね。

毎日笑わせてくれて、刺激もいっぱいくれて本当にありがとう。

出会えてよかった。

ママはあなたのような娘を持って、とっても幸せ。

「シナモンが人間の女の子だったらよかったのに」なんて全く思わないのよ。

だってあなたはいつも全身で気持ちを表現するし、私の言葉もよく理解できる。その場の雰囲気を読むのは大得意だし、サービス精神も旺盛。

イヤなことがあって落ち込んでいても、そのまん丸な瞳を見ただけで、すぐに忘れられちゃう。人間以上に人間っぽい、私にとって宇宙でたった一人の魂のパートナーよ。

これからの人生もずっと一緒にいよう。

元気なシナモンでいてね。

一分一秒でも長く一緒にいたいから……。

天からお迎えが来て、あなたが本当の天使になるその日まで、ママはどんなことがあってもあなたを守ってあげる。

可愛いおばあちゃんになっていこうね、約束よ。

シナモン、宇宙イチ愛してる！

二〇〇三年三月吉日

川島なお美

川島なお美

1960年11月10日生まれ。
ドラマ「失楽園」、映画「鍵」などに主演、
1998年ゴールデン・アロー賞放送賞受賞。
趣味は多岐に渡り、ワインエキスパート
（日本ソムリエ協会認定）などの資格を取得し、
フランスの三大ワイン産地より騎士号を叙任。
茶道においても裏千家家元より
川島宗美の茶名を拝受するほど本格的。
2000年に“魂のパートナー”シナモンと
運命の出会いをはたしてからは
芸能界きってのいぬラヴ女優。

川島史奈紋《シナモン》

1999年11月19日生まれ。
黒いビー玉のような大きな瞳、
耳を飾る栗色の巻き毛。ほっそりとした横顔と
しなやかな体つき。ひょんなことから
女優、川島なお美と出会い、愛娘となる。
特技ジャンプとでんぐりがえり。趣味ママとお買物。
座右の銘は「一期一会（ワンゴワンエ）」。
ドラマ「花村大介」、映画「ミナミの帝王」他、
多くのメディアに川島とともに出演。
川島なお美とともに今後の活躍が期待される
世界最小（?）のミニチュア・ダックスフント。

Special Thanks To...

Matsuzaki Takeyuki
Ideshita Takeshi, Suzuki Seiichi
Morita Yoneo, Yamakawa Masao
Nitoh Teruo, Watanabe Yumiko
Bon Vivant

From Kawashima Naomi
& Cinnamon, 2003

愛して、愛して、癒されて

2003年4月1日　初版第1刷発行

著者
川島なお美

写真
森田米雄、山川雅生

協力
ボン ヴィヴァン

発行者
原 雅久

発行所
株式会社朝日出版社
東京都千代田区西神田3-3-5 〒101-0065
電話 03-3263-3321
http://www.asahipress.com

印刷・製本
図書印刷株式会社

ISBN4-255-00192-8 C0095